Lovely Ravely

不想讓別人知道的可愛娃娃服裝秘笈！

Radio的
娃娃服裝裁縫書

崔智恩 著

Contents

這本書是 Radio 的娃娃服裝原始設計裁縫書。
如何精細地使用刺繡、蕾絲及蝴蝶結，
如何一絲不苟地處理袖口、縫份、鈕釦等，
為了讓初次製作娃娃服裝的各位也能輕易理解，
盡可能逐步地做說明。

即使是做了一整套的服裝，與其只作為單品來穿，
不如跟其他衣服混搭，
運用能讓風格自由多變的單品進行搭配。

六分娃當中最大的
Neo Blythe 小布娃娃是 L 尺寸，
kukuclara 娃娃、
JERRYBERRY 娃娃、
cacarote 娃娃都是標記成 S 尺寸。
其他尺寸類似的娃娃應該也都可以穿。

請從喜歡的衣服開始進行製作吧！

Prologue

一開始收到出書提議時，我就一直在煩惱，要我出一本書是否有點為時過早？編寫書本之前，我思考著究竟「Radio 的色彩」、「Radio 的風格」是什麼？因此，反而有時間可以回顧自己這段期間曾做過的作品。連我自己都覺得要用一句話來定義我的風格，還有很多不足之處。製作服裝的時候，似乎每次都是將突然浮現的想法素描下來或是即興地做出想做的風格。要將專屬於我的色彩編輯成一本書，實在是有很大的困難。因此，既然無法將所有浮現的想法都囊括到書本裡面，我就不從作者立場，而是從喜歡娃娃服裝的讀者立場來想，試著做出可以靈活運用的服裝。

舉例來說，像圍裙這樣的單品，可以跟書中收錄的其他衣服或原本就有的衣服混搭，想以能夠演示各種氛圍的高活用單品集結成書。因此，我希望能讓讀者使用這樣的書，不但容易跟著製作，還能活用不平凡、不同於我所製作的服裝布料及配飾，表現出專屬於自己的色彩。

由於「娃娃服裝裁縫師」不是一般的職業，生活總是不規則，即便如此，不但沒有任何埋怨，反而還相信我、幫助我並且經常提供理性評價的老公，真心想對你說我愛你、謝謝你。總是在身邊支持我並給予許多力量的朋友及認識的人們，即使只是初次見面，也想將感謝的心意傳給您們。也向給我機會編寫這書本的崔賢淑總編輯傳達感謝。

最後，閱讀這本書的讀者以及總是支持我作品的人們，這段期間的努力將以「書」的形態問世，雖然很緊張，但還是害羞地跟各位打聲招呼！謝謝！

2018 年 春

Radio, 崔智恩 敬上

・尺寸表・

	Neo Blythe 小布娃娃	JERRYBERRY 娃娃（OBITSU 素體）	kukuclara 娃娃	cacarote 娃娃
身高	29	24.2	21	19.7
胸圍	10.4	8.6	8.6	9
腰圍	7.1	6.4	5.6	7.1
臀圍	10	9	10	9.2
頭圍	26.5	19	11.5	12
肩寬	3.7	3	3	2.9
手臂長	6.2	6.3	5.8	5.8

※由於尺寸皆為直接測量，可能會有細微的誤差。

CERTIFICATE
THOMAS
THE HEART OF ENGLAND
HOW TO WRITE A ROMANCE
AND GET IT PUBLISHED
BY KATHRYN FALK
EVER AFTER
A Cinderella Story
WENDY LOGGIA
READER'S DIGEST CONDENSED BOOKS
LOVES MUSIC, LOVES TO DANCE
LOST AND FOUND
CONDITION BLACK
ESCAPE INTO LIGHT
DECLINE AND FALL OF THE ROMAN EMPIRE
GIBBON
VOLUME THREE
Modern Library

秋季連身洋裝 with Neo Blythe

波希米亞連身洋裝 with Neo Blythe

波希米亞連身洋裝＋圍裙 with Neo Blythe

波希米亞連身洋裝＋圍裙 with Neo Blythe

亞麻襯衫＋水手領＋亞麻長褲 with Neo Blythe

罩衫＋丹寧短裙 with Neo Blythe

麂皮連身洋裝＋罩衫 with Neo Blythe

燈心絨外套 with Neo Blythe

粉紅連身褲 with Neo Blythe

波希米亞連身洋裝 with JERRYBERRY

波希米亞連身洋裝 with kukuclara

波希米亞連身洋裝＋圍裙 with kukuclara

亞麻襯衫＋水手領＋亞麻長褲＋圍裙 with JERRYBERRY

亞麻襯衫＋水手領＋亞麻長褲 with JERRYBERRY

亞麻襯衫＋水手領＋亞麻長褲＋圍裙 with kukuclara

亞麻襯衫＋水手領＋亞麻長褲 with kukuclara

麂皮連身洋裝＋罩衫 with cacarote

麂皮連身洋裝＋罩衫 with JERRYBERRY

秋季連身洋裝 with kukuclara

▲罩衫＋丹寧短裙 with kukuclara ▼罩衫＋丹寧短裙 with cacarote

日常韓服洋裝＋韓服裙 with JERRYBERRY

▲▼ 日常韓服洋裝＋韓服裙

下午四點照映著陽光的工作室，
給予許多設計靈感的復古蕾絲。

製作娃娃服裝之前，必須具備的工具。這些是我實際使用的工具。

---

① 裁縫專用剪刀
尖端不要太尖、刀刃短一點的剪刀比較適合裁剪娃娃服裝。

② 反裡鉗
將布料翻面時使用的工藝專用反裡鉗，實用性非常的高。

③ 蕾絲
棉質的法國蕾絲或復古蕾絲能讓衣服變得更高級。

④ 紗線剪
剪小的縫份或整理線頭時相當方便。

⑤ 熱消筆　⑥ 白色熱消筆
用熱消筆取代水消筆。依照不同的布料使用。

⑦ 拆線器（Ripper）
回針縫縫錯時，可以乾淨俐落地去除縫線。

⑧ 黏著膠帶
想要沒有縫線又能乾淨俐落地處理袖子、褲子、裙襬等時使用。

⑨ 針插及珠針

⑩ 捲尺

⑪ 暗釦
縫在衣服開衩的部分作為衣服的門襟。

⑫ 防綻液
塗抹在裁剪後的布料邊緣，就不會散開脫線，用來代替毛邊縫。我主要是使用日本河口牌的 PIQUE 防綻液。

波希米亞連身洋裝

即使沒有特別的配件，直接穿上也充滿民族風的波希米亞連身洋裝。
頸部的流蘇綁繩增添洋裝的活力。

Ready to do

／L尺寸

60 支花紋布料：橫長 32cm×縱長 32cm

40 支亞麻布料：橫長 10cm×縱長 7 cm

下擺蕾絲：40cm

暗釦：2 對

刺繡線：紅色、綠色

／S尺寸

60 支花紋布料：橫長 27cm×縱長 26cm

40 支亞麻布料：橫長 9 cm×縱長 6 cm

下擺蕾絲：35cm

暗釦：2 對

刺繡線：紅色、綠色

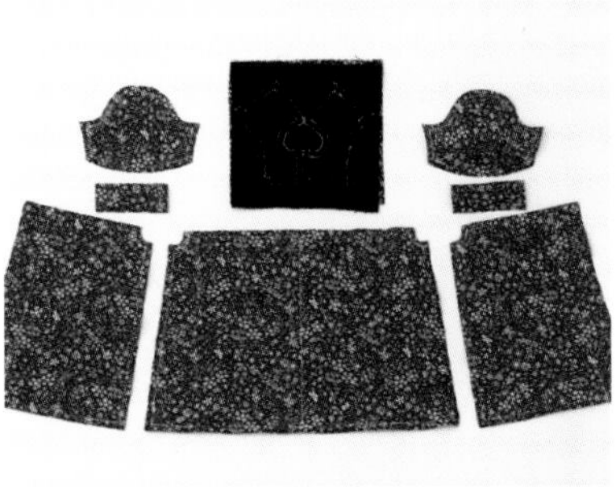

1. 將紙型放在布料上描繪，接著裁剪。除了上半身（胸部）的海軍領以外，請在其他的布料邊緣塗上防綻液。

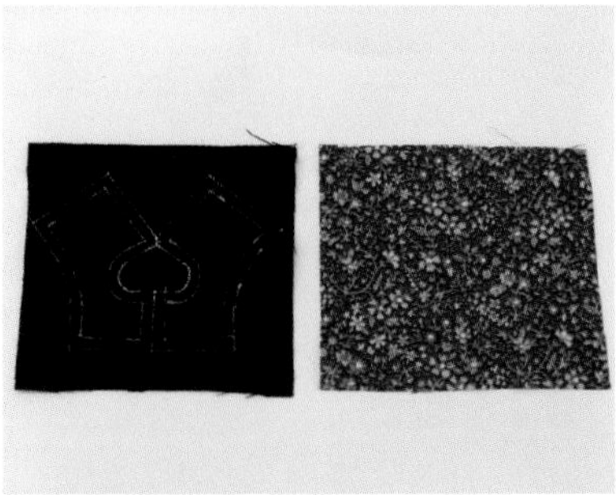

2. 準備要使用的表布和裡布，在表布背面放上紙型並描繪。

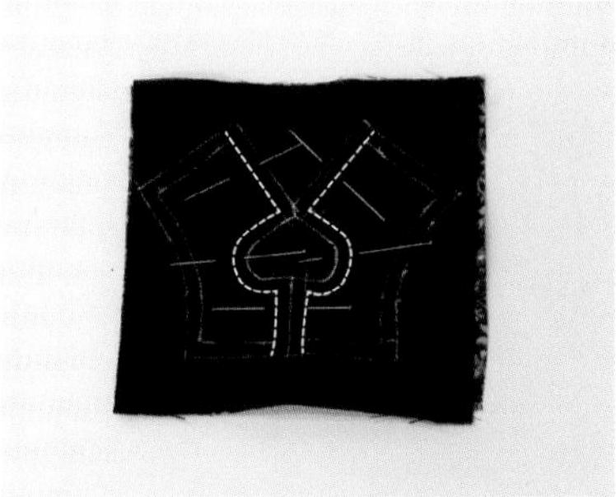

3. 將表布和裡布的正面對正面貼合，縫合後片中心線、頸圍、前片中心線。

4. 裁剪時請留下 0.5cm 的縫份。此時將頸圍上的縫份剪開。

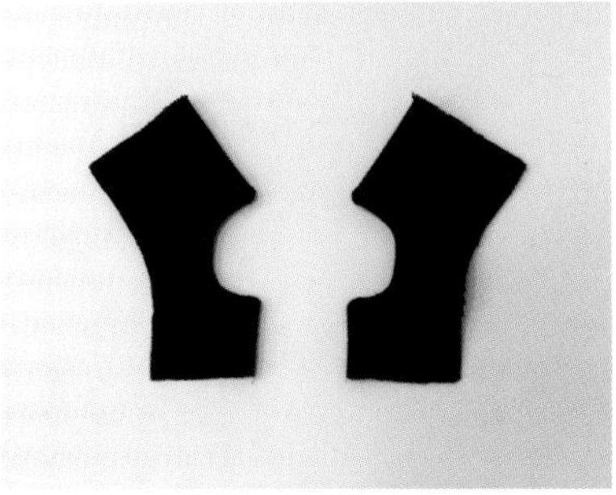

5. 將上半身的領子翻面後，用熨斗整燙外型。

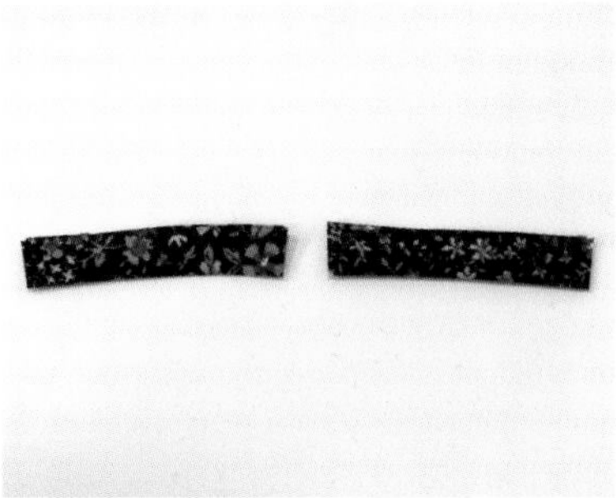

6. 將袖口對半摺。

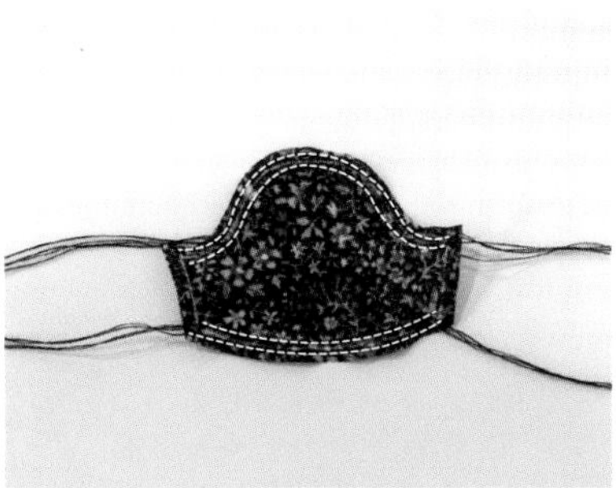

7. 以袖山和袖底的完成線為基準，於上、下進行平針縫。

8. 將平針縫中間的上、下 2 條縫線拉緊做出縮褶。同樣地，也將袖底做出縮褶。

9. 將對半摺的袖口對齊正面的袖底並縫合。此時請配合袖口的長度調整袖底縮褶的分量。

10. 以裙子前片要連結上半身部位的完成線為基準，於上、下進行平針縫。

11. 將平針縫中間的上、下 2 條縫線拉緊做出縮褶。

12. 後片也用跟前片相同的方法做出縮褶。

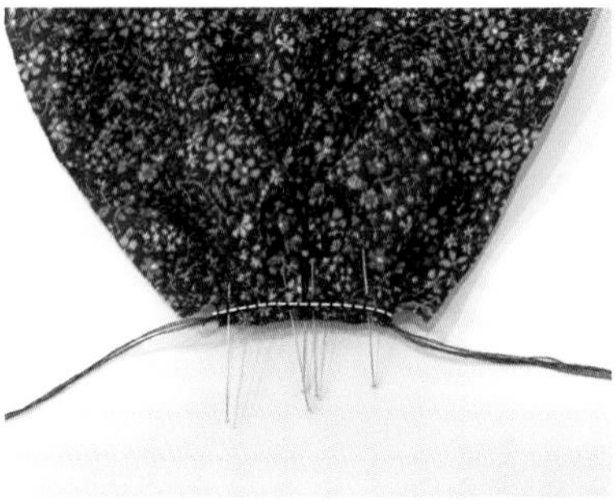

13. 將上衣和裙子的正面對正面貼合後縫合。再標示出裙子中心，配合上半身將裙子皺褶弄平均。

14. 將縫份往上摺並縫在上半身上面。

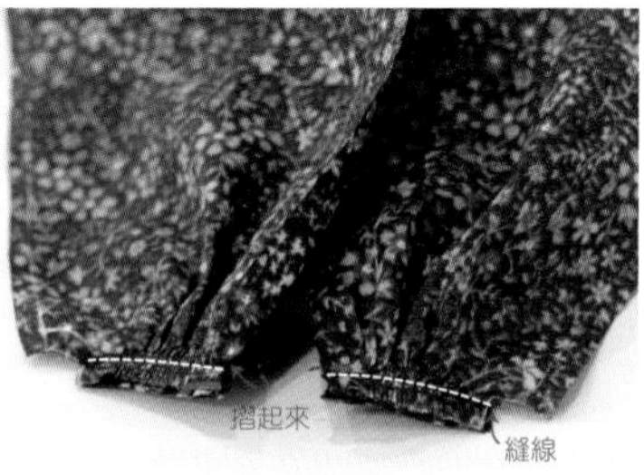

15. 用相同的方法連接後片，將裙子後片中心線的縫份摺好並縫合。

16. 將後面的縫份也往上摺並縫在上半身上面。

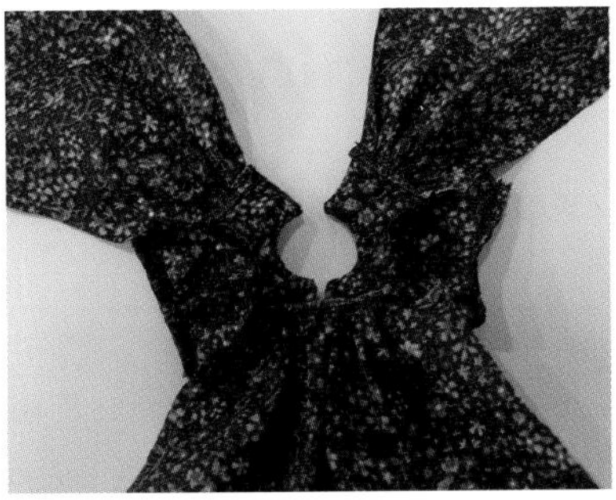

17. 將縫上袖口的袖子和上半身縫合。需配合袖襱長度調整袖山縮褶分量。

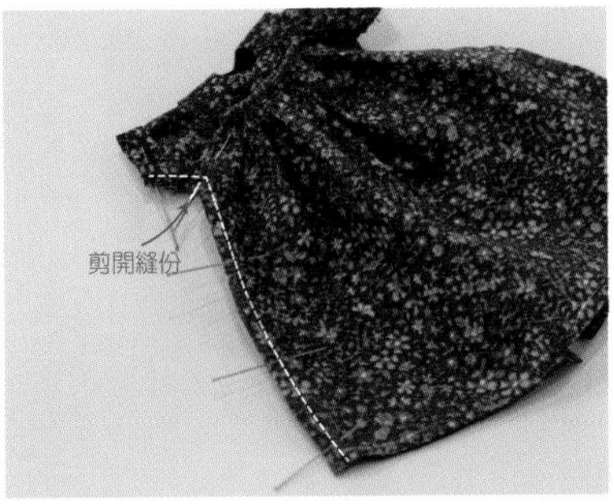

18. 以肩膀為中心對半摺，縫合側縫將前片、後片連接起來。

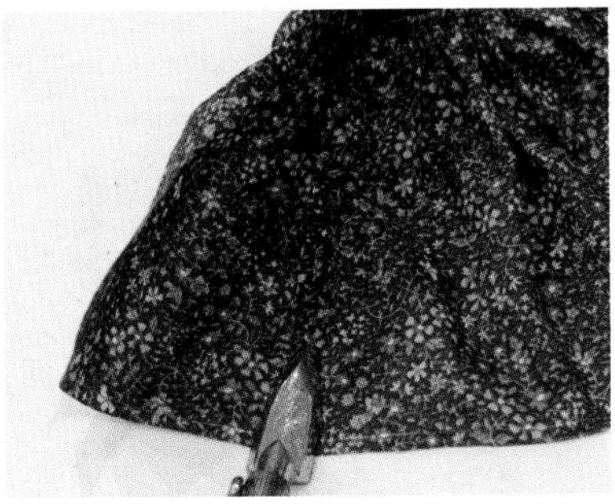

19. 將縫合的側縫縫份分開並燙平。

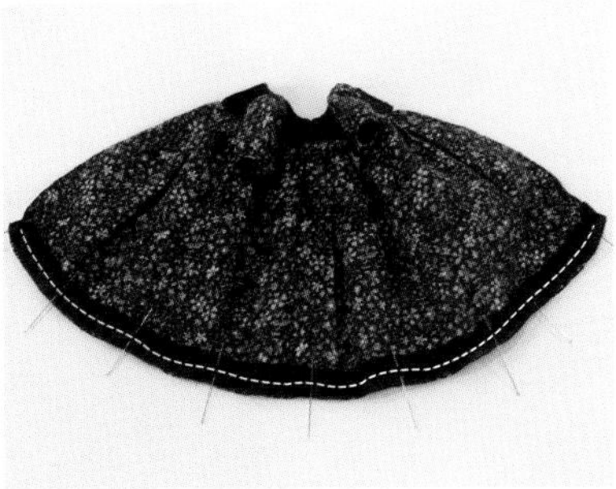

20. 將裙子和蕾絲的正面對正面貼合並縫合。

21. 將縫好的蕾絲縫份往上摺並縫在裙子上面。

22. 縫合後片中心線。標示出門襟的部分並只縫合標線的部分。

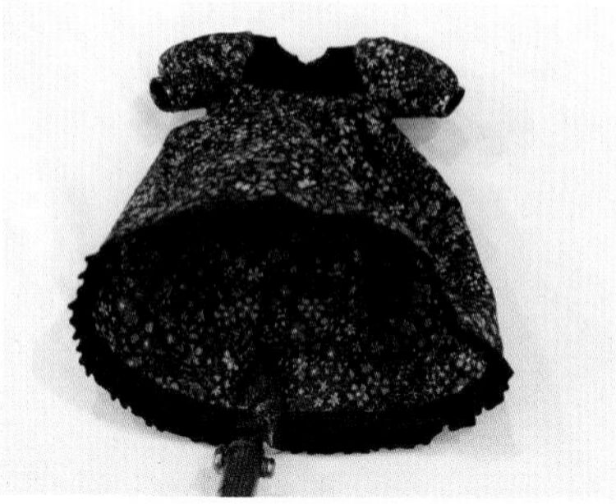

23. 將洋裝翻面，再將縫好的後片中心線縫份分開並燙平。

24. 沿著上衣的邊緣線用鎖鏈繡做裝飾。

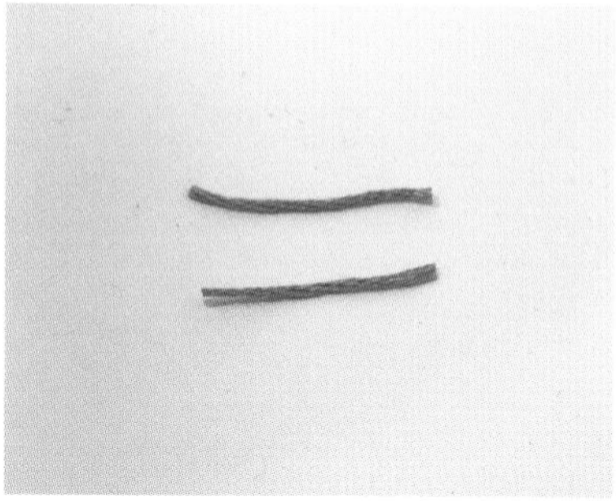

25. 分別剪 2 條 2.5cm 長的刺繡線，總共準備 4 條。

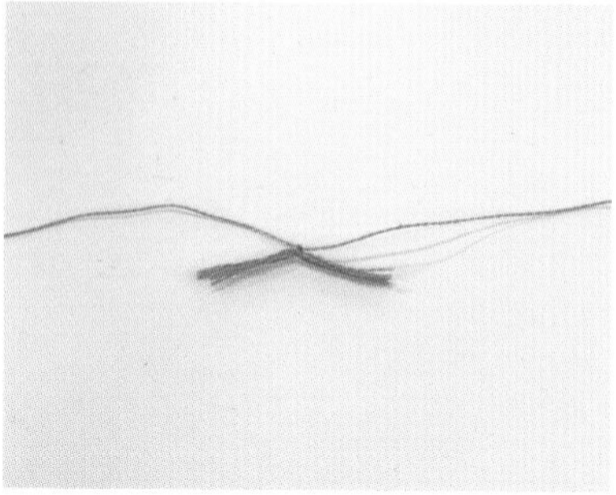

26. 將 2 條 2.5cm 的刺繡線放在一起並將中間綑綁起來。中間綑綁的線需留下充分的長度。

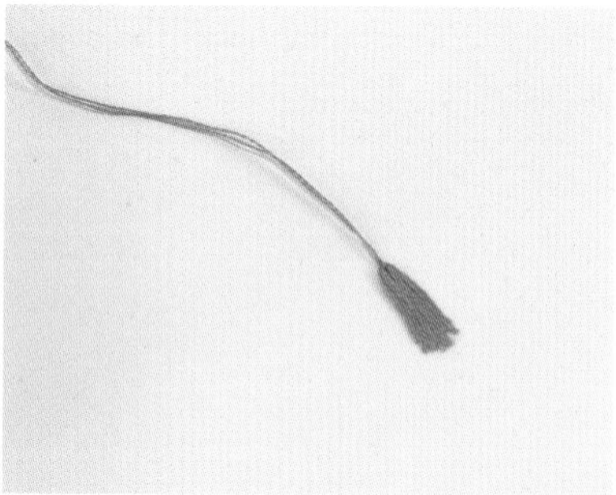

27. 將中間被綁起來的 2.5cm 的刺繡線往下集中，然後塗上布料專用膠水，調整成流蘇的模樣。

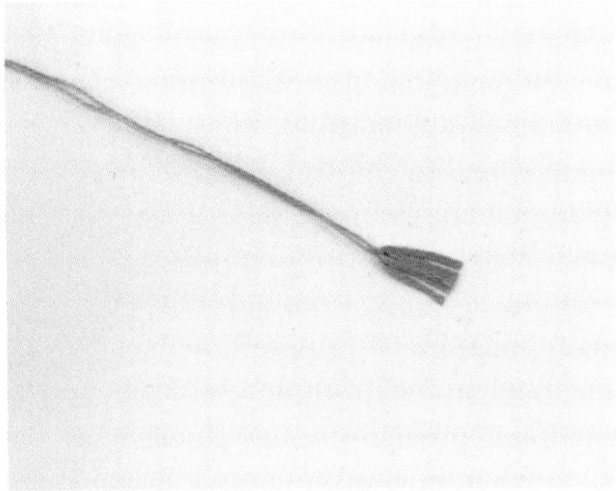

28. 用剪刀修剪流蘇的長度。

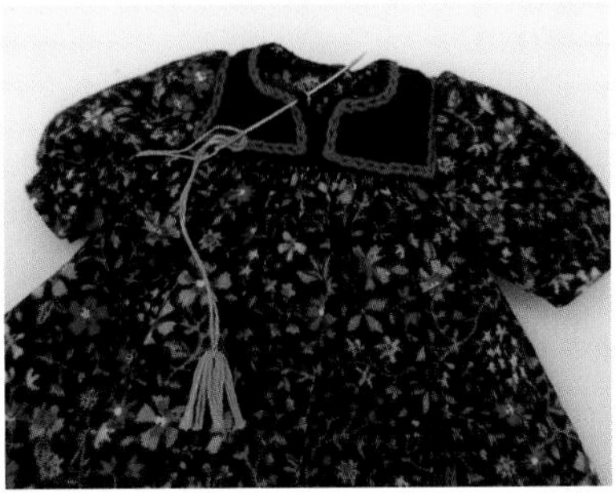

29. 將流蘇的另一端線頭穿進針孔，針從上半身的外面穿進裡面。

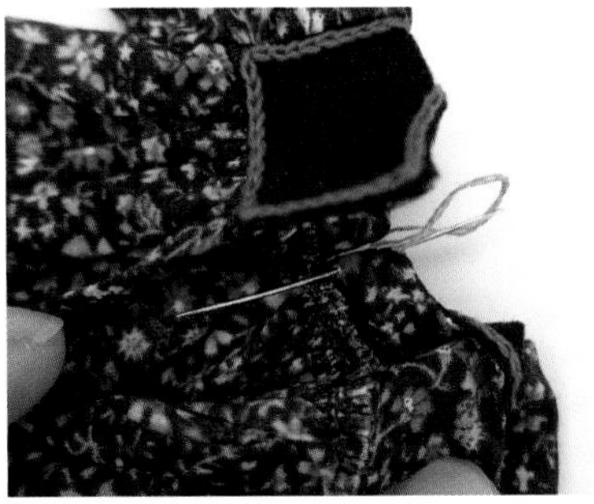

30. 再往上半身下邊的方向穿過。

31. 打結。另一邊也用相同的方法縫上流蘇。

32. 將流蘇綁成蝴蝶結，後門襟縫上暗釦，完成！

圍裙

*

由 60 支亞麻製成帶著復古魅力的圍裙。
可同時感受到羽毛繡跟側縫綁帶的田園風及可愛的感覺。

Ready to do

／**L** 尺寸

60 支亞麻布料：橫長 40cm×縱長 24cm

蕾絲 or 緞帶：70cm

4 mm 門襟專用珠珠：2 顆

刺繡線：象牙白

／**S** 尺寸

60 支亞麻布料：橫長 32cm×縱長 19cm

蕾絲 or 緞帶：60cm

4 mm 門襟專用珠珠：2 顆

刺繡線：象牙白

1. 將紙型放在布料上並裁剪，接著只在裙子的布料邊緣塗上防綻液。

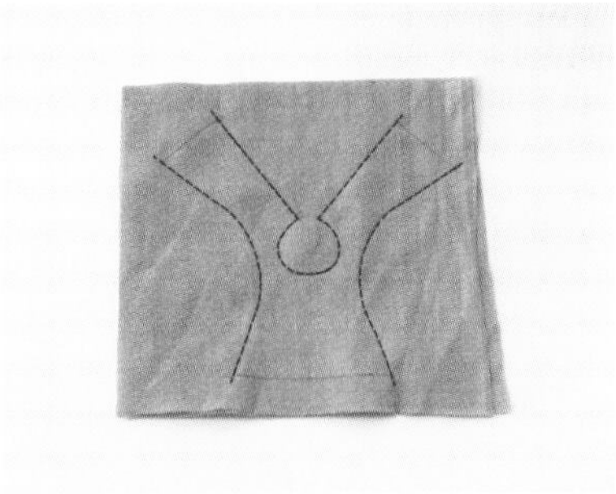

2. 將上半身紙型放在布料上並描繪，接著縫合後片中心線、頸圍、袖襱。此時要縫超過即將縫合的前、後片腰圍完成線 0.5cm。

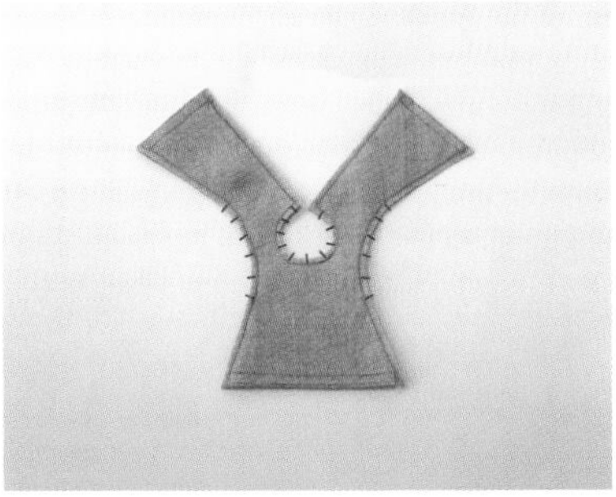

3. 上半身縫合後進行裁剪，前、後片下襬留 0.5cm 的縫份，後片中心線、頸圍和袖襱留 0.3cm 的縫份。需剪開頸圍和袖襱的曲線區域。

＊曲線區域要剪開才能平整的翻摺。

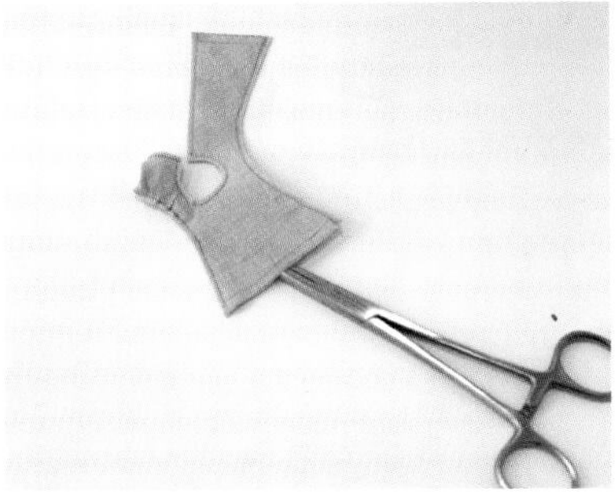

4. 用反裡鉗翻面。

5. 用熨斗將翻好面的上半身整燙後，在要跟裙子縫合的縫份區域塗上防綻液。

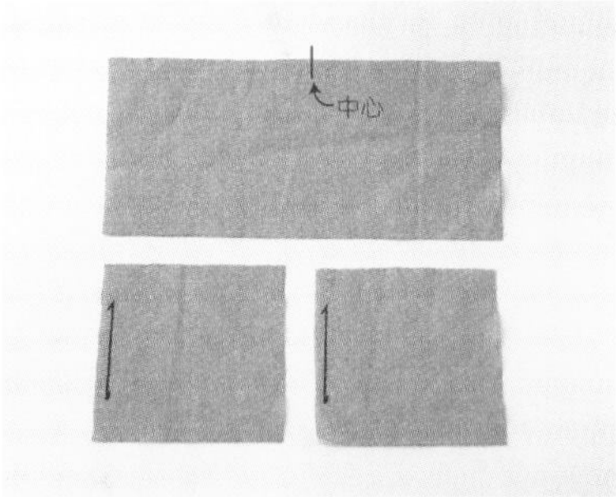

6. 準備裁好的裙子，在裙子前片標示出中心，為了知道布紋方向，需在後片上標示垂直線。

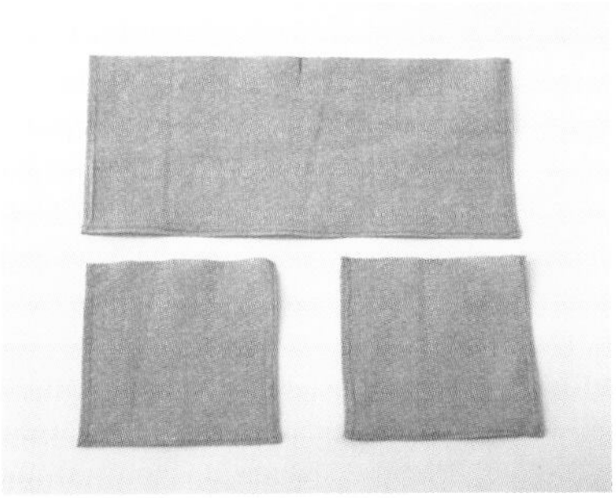

7. 在裙子邊緣塗上防綻液，接著分別將兩邊側縫和下擺邊緣從背面往內摺 0.3cm 並縫合。

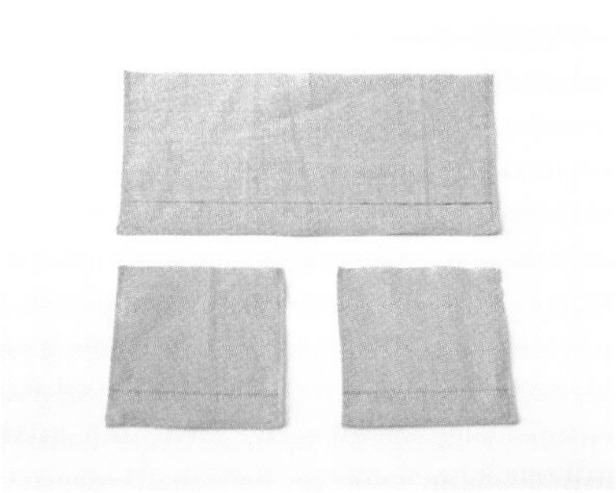

8. 用熱消筆在裙子正面標示出要繡羽毛繡的位置。

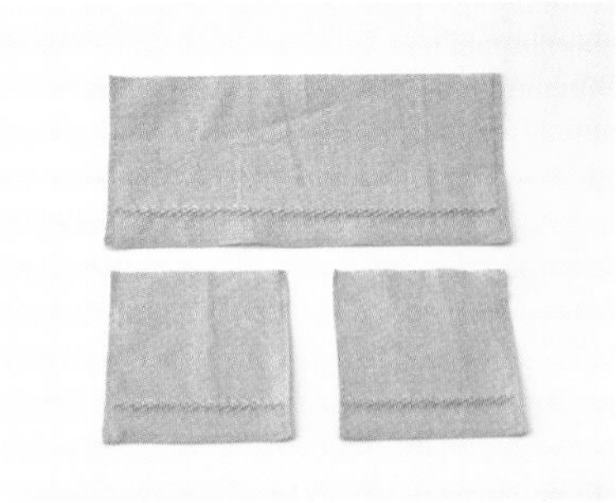

9. 繡好羽毛繡後，用熨斗熨燙並將筆跡消除。

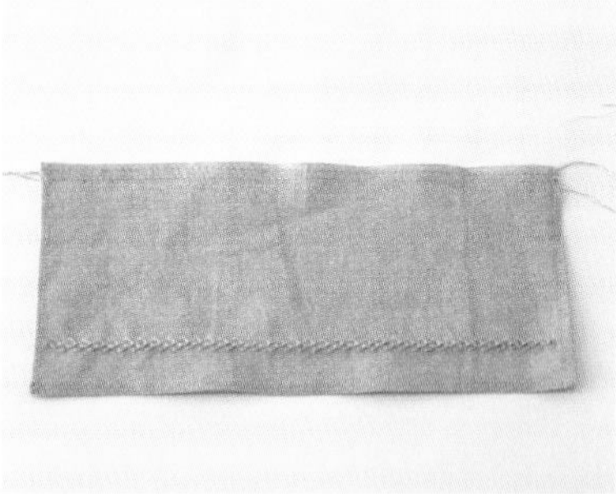

10. 在要跟腰圍連接的地方縫上 2 條平針縫。使用縫紉機時，要增加針目寬幅並減低張力再縫。後片也用相同的方法縫上 2 條平針縫。

11. 從背面將上、下 2 條縫線拉緊做出縮褶。

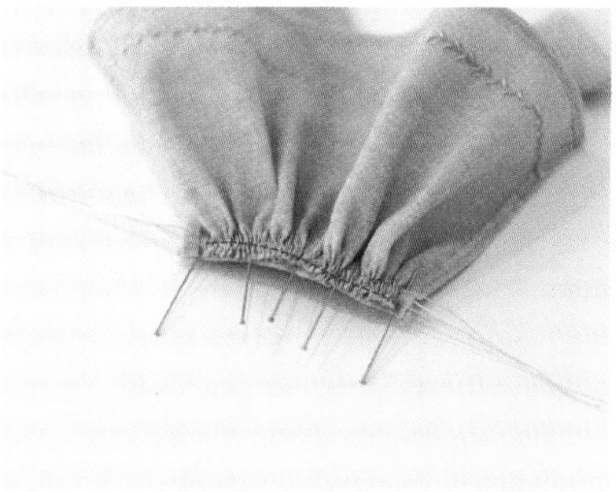

12. 將上半身和裙子的正面對正面貼合，從 2 條平針縫縫線中間做縫合。

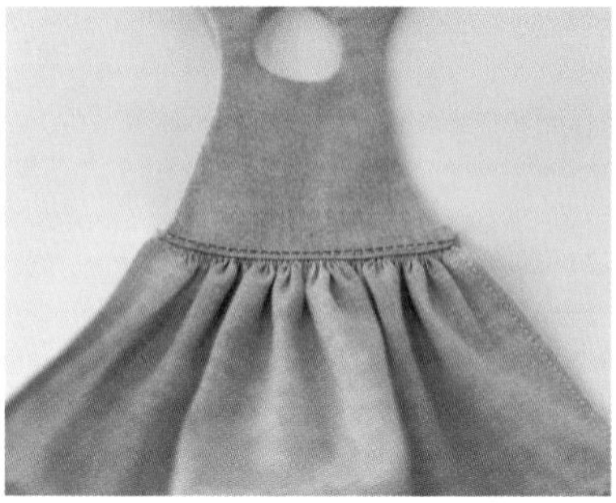

13. 縫合後將縫份朝上半身方向摺疊並縫合。去除為了做出縮褶而縫上的平針縫縫線。

14. 後片也用相同的方法縫合。

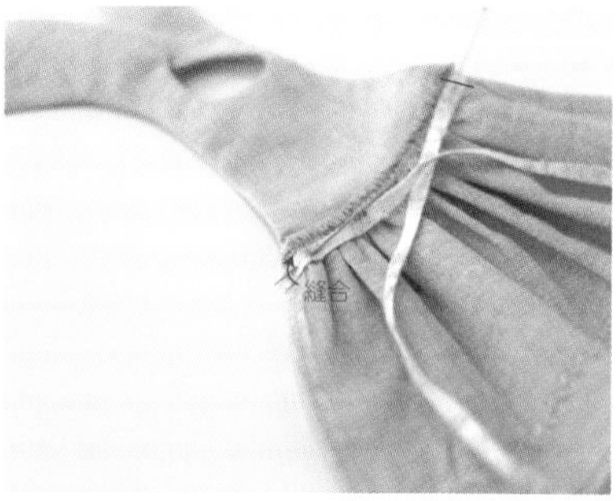

15. 利用緞帶或蕾絲等，在裙子側縫縫上綁帶。對齊裙子側縫並用珠針固定再縫合。

16. 將綁帶往外摺並且再縫合一次。

17. 在上半身正面沿著後片中心線、頸圍、袖襱繡上羽毛繡作為裝飾。

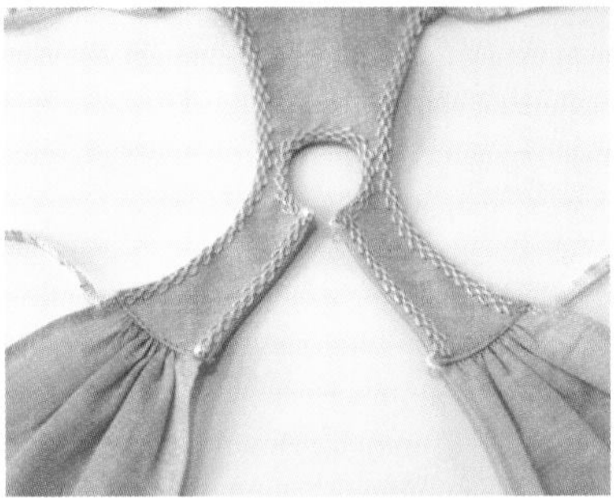

18. 在後片中心線其中一邊縫上珠珠，另一邊縫上線圈，製作成門襟。

19. 將兩邊側縫上的綁帶綁成蝴蝶結，完成！

亞麻襯衫

袖子稍微覆蓋住手肘的長度與感覺極為舒適的圓領亞麻襯衫。

前後不同的長度和袖口的處理是最大的重點。

非常適合跟丹寧搭配的單品。

Ready to do

／L尺寸

40 支亞麻布料：橫長 18cm×縱長 20cm

網紗布料：橫長 20cm×縱長 17cm

3 mm 門襟專用珠珠：3 顆

／S尺寸

40 支亞麻布料：橫長 12cm×縱長 19cm

網紗布料：橫長 18cm×縱長 15cm

3 mm 門襟專用珠珠：3 顆

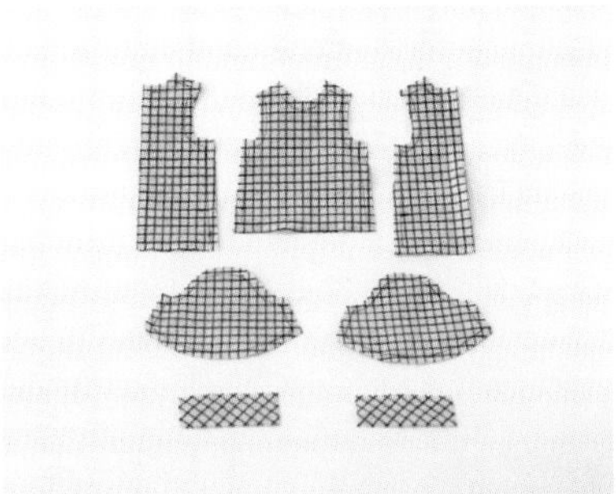

1. 將紙型放在布料上並裁剪，接著在布料邊緣塗上防綻液。

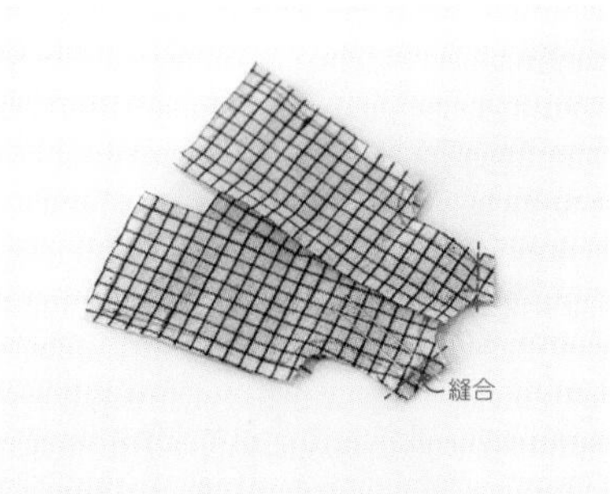

2. 將上衣的前片和後片正面對正面貼合，縫合肩線。

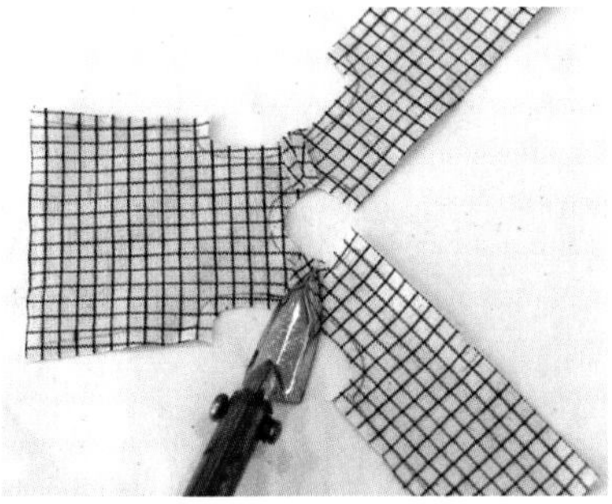

3. 將縫合後的肩線縫份朝兩邊分開並燙平。

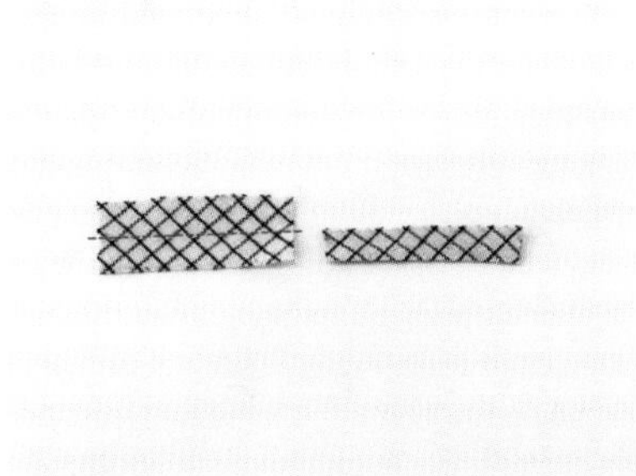

4. 準備袖子的袖口，將袖口對半摺並燙平。

5. 在袖山及袖底縫上 2 條平針縫縫線。再將完成線夾在中間，於上、下進行平針縫。

6. 從背面將上、下 2 條縫線拉緊做出袖山及袖底的縮褶。

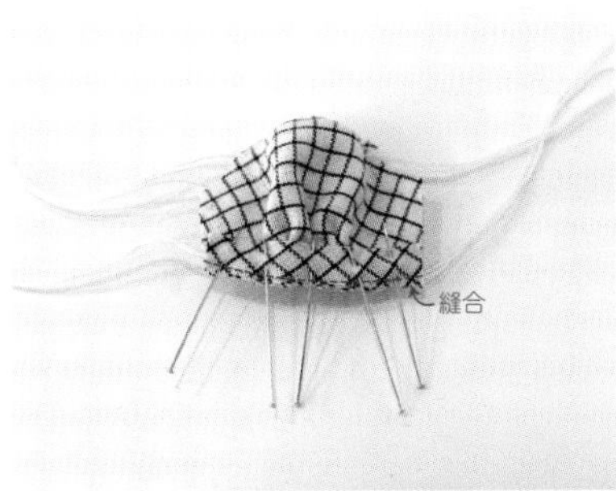

7. 將對半摺的袖口放在袖底並縫合。

8. 袖口縫好後將縫份朝袖山方向摺疊。去除為了做出縮褶而縫上的平針縫縫線。

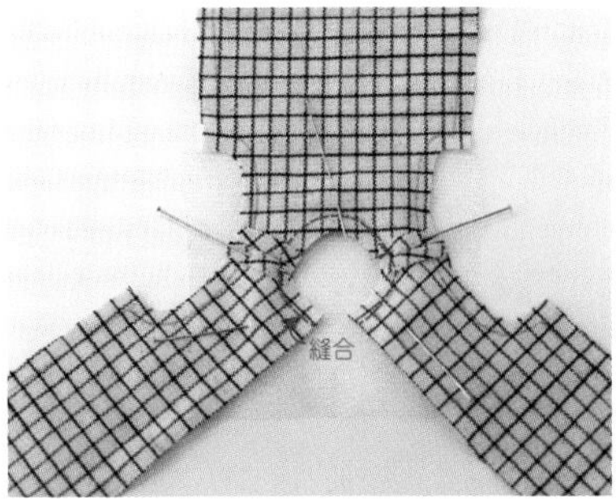

9. 將網紗布料疊在已縫好肩線的上衣正面，再沿著頸圍縫合。

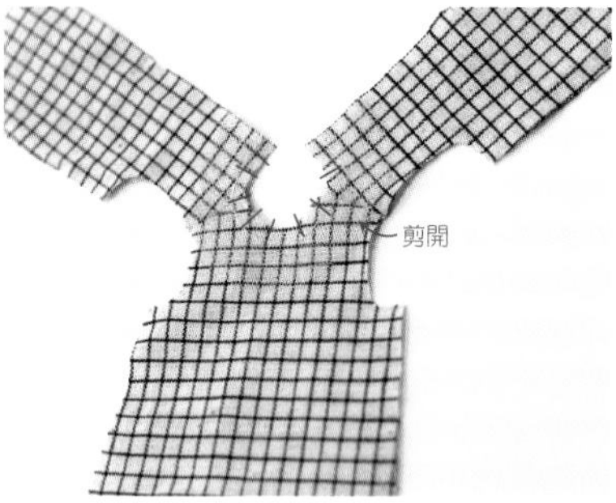

10. 網紗縫份只留下 1 cm 的長度並沿著頸圍剪成圓形，再將曲線區域剪開。

11. 將網紗縫份往內摺並燙平。

12. 從上衣正面沿著頸圍縫合。

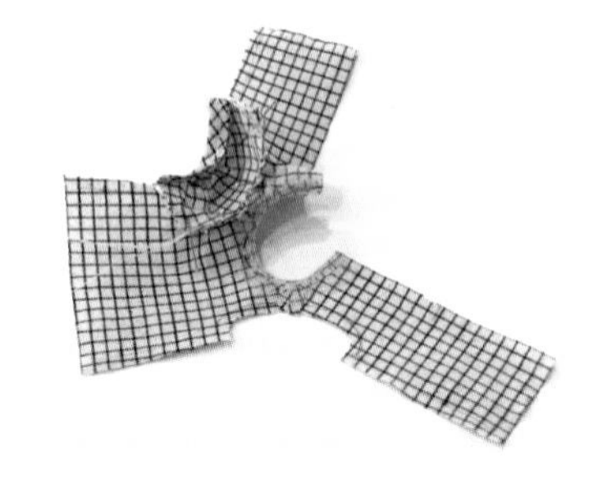

13. 將上衣和袖子正面對正面貼合，沿著袖襱縫上袖子。配合袖襱長度調整袖子上的縮褶分量。

14. 將另一邊的袖子也縫合。

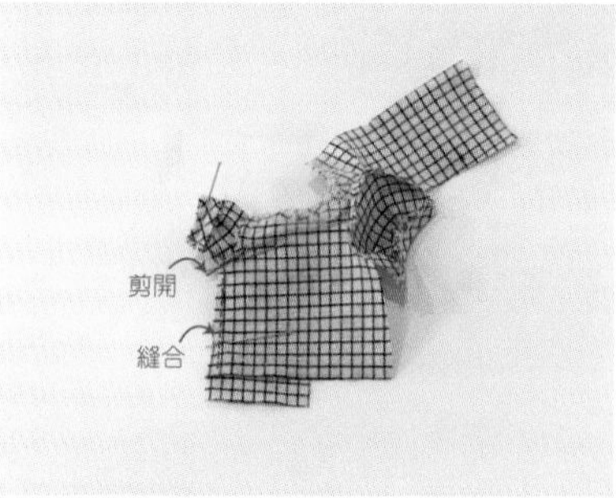

15. 以肩線為基準對半摺之後縫合側縫。

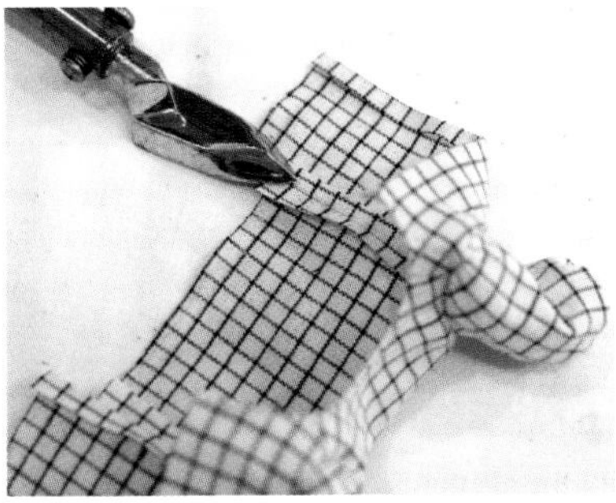

16. 另一邊也縫合，再將縫份分開並燙平。

17. 後片中心線和上衣下襬也往內摺 0.5cm 再燙平。

18. 將往內摺 0.5cm 的區域縫合，替邊緣做收尾。

19. 右邊縫上珠珠，左邊縫上線圈，製作成門襟。

20. 完成！

水手領

*

製作成可拆式，是活用度非常高的單品。

雖然在本書裡是和亞麻襯衫做搭配，但是也非常適合搭配圓領 T 恤或連身洋裝等。

Ready to do

／L 尺寸

40 支亞麻布料：橫長 10cm×縱長 12cm

蕾絲 or 緞帶：30cm

4 mm 木珠：2 顆

／S 尺寸

40 支亞麻布料：橫長 7 cm×縱長 11cm

蕾絲 or 緞帶：26cm

4 mm 木珠：2 顆

How to make

1. 準備 2 張相同大小的布料，在其中一張布上面放上紙型並描繪紙型。

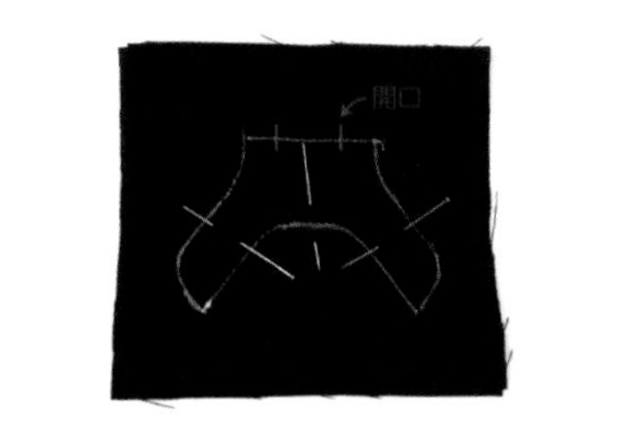

2. 將畫上紙型的布料和另外一張布料的正面對正面疊合並縫合。要先留下開口，再將邊緣縫合。

3. 只留 0.3cm 的縫份，其餘部分都剪掉。開口區域的縫份留下約 0.5cm 左右。

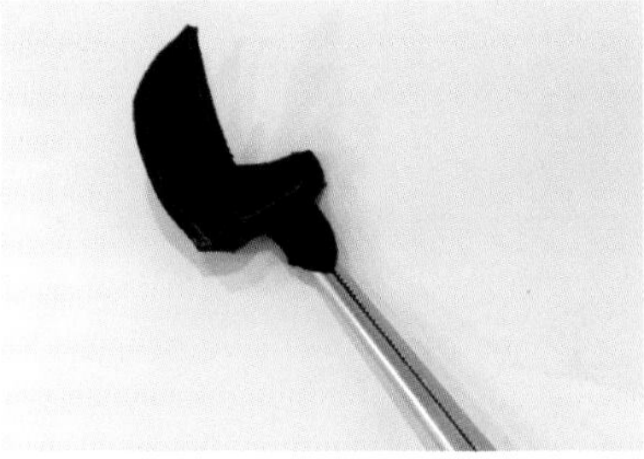

4. 用反裡鉗翻面。

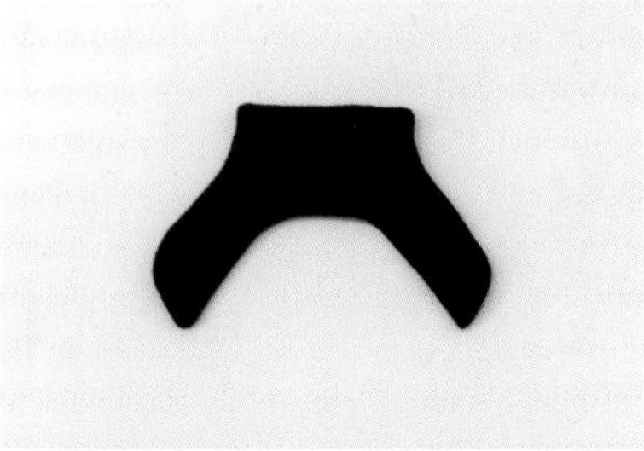

5. 用熨斗熨燙翻面後的領子並調整形狀。

6. 洞口用藏針縫縫合。

7. 在完成線往內 0.3cm 的位置畫上輔助線。

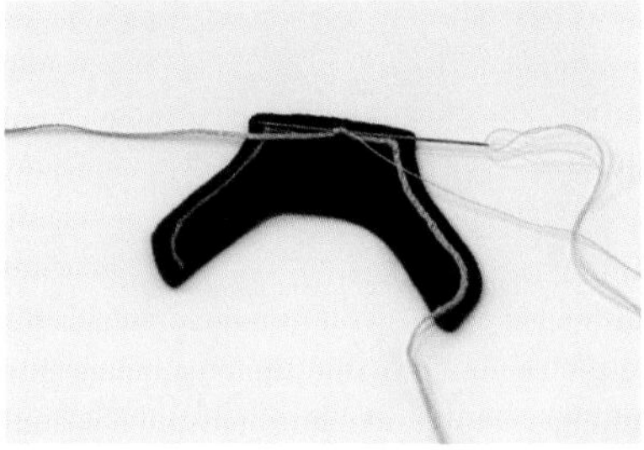

8. 用薄緞帶或蕾絲，沿著輔助線以平針縫固定。為了讓綁帶可以打成蝴蝶結，兩邊請留下充足的長度。

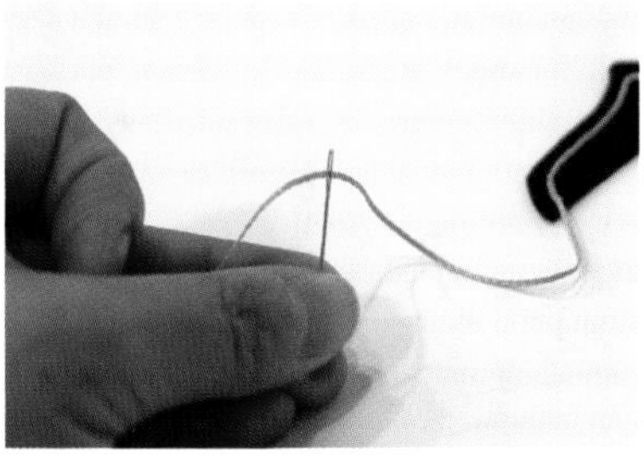

9. 將綁帶穿進針孔。使用針孔較大的刺繡專用針會比較方便。

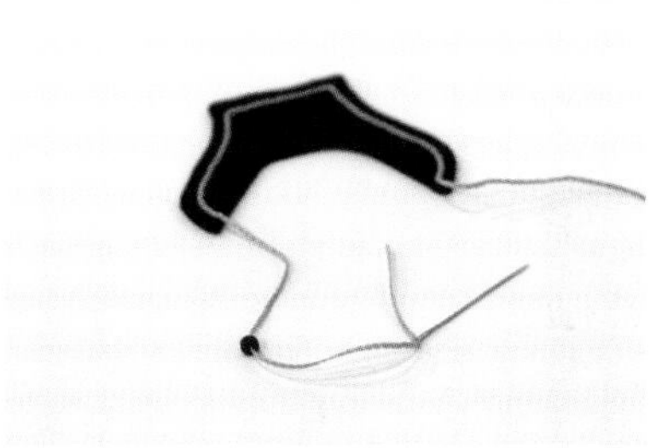

10. 把針穿過珠珠作為裝飾。

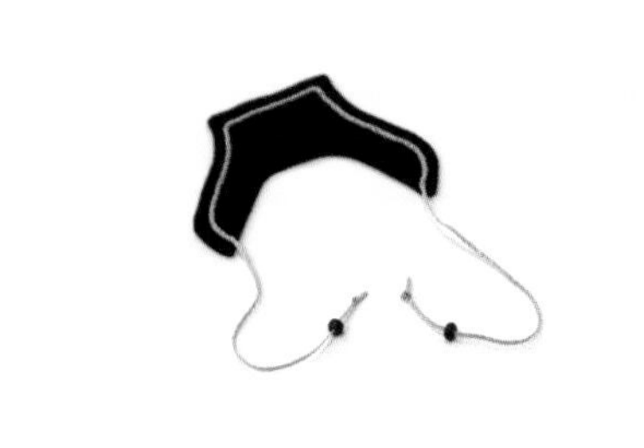

11. 另一邊也穿上珠珠，接著將綁帶剪成一樣的長度，最後在底端打個結，以免珠珠掉出來。

12. 打一個蝴蝶結，完成！

亞麻長褲

暗色調的水洗亞麻材質，因為穿很久，感覺就像是身體的一部份一樣舒適。
在衣服的製作過程中，手指可感受到粗糙度恰如其分的 30 支亞麻布觸感。

Ready to do

／L 尺寸

30 支亞麻布料：橫長 26cm×縱長 20cm
網紗布料：橫長 6 cm×縱長 6 cm
4 mm 鈕釦：1 顆
暗釦：1 對

／S 尺寸

30 支亞麻布料：橫長 26cm×縱長 18cm
網紗布料：橫長 6 cm×縱長 6 cm
4 mm 鈕釦：1 顆
暗釦：1 對

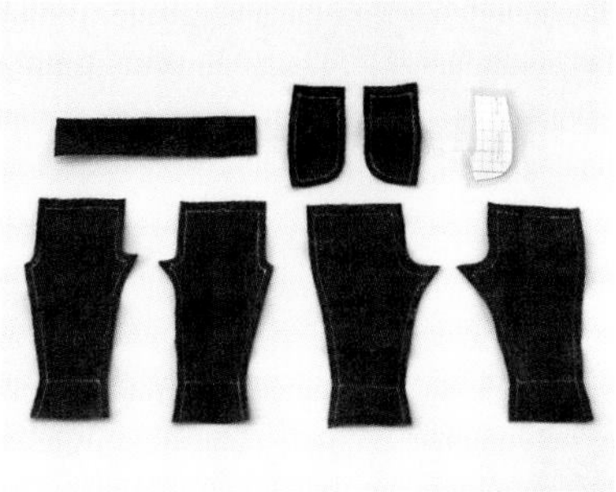

1. 將紙型放在布料上裁剪並在布料邊緣塗上防綻液。

2. 將紙型上標示的皺褶區域原封不動地標示到前片布料正面。後片布料正面也要標示。

3. 從褲子中心線往外邊摺出皺褶並用珠針固定。

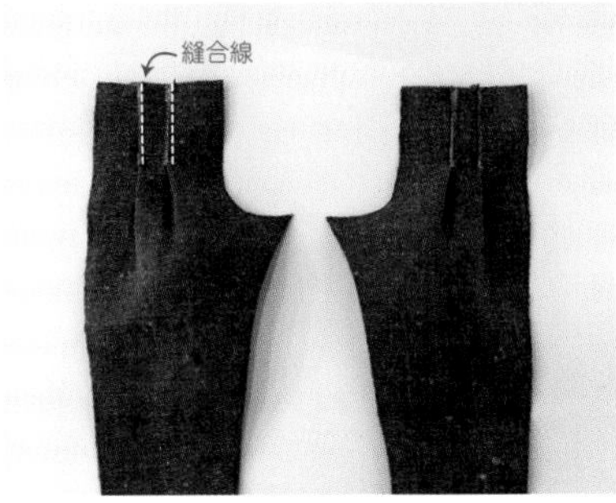

4. 後片也像前片那樣摺出皺褶後用珠針固定，接著加入縫合線。

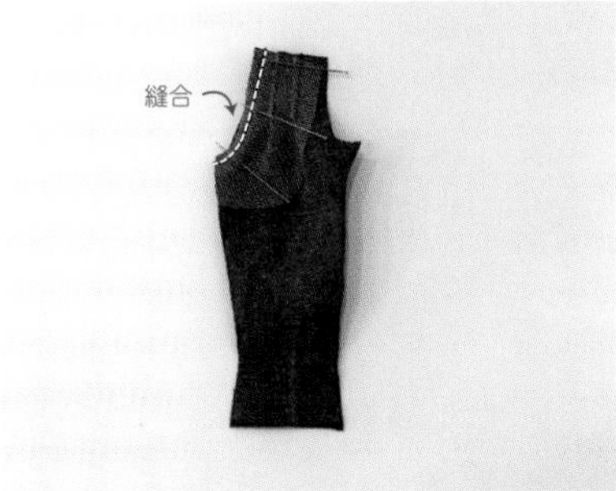

5. 將剪好作為口袋的網紗、布料縫在褲子前片正面。

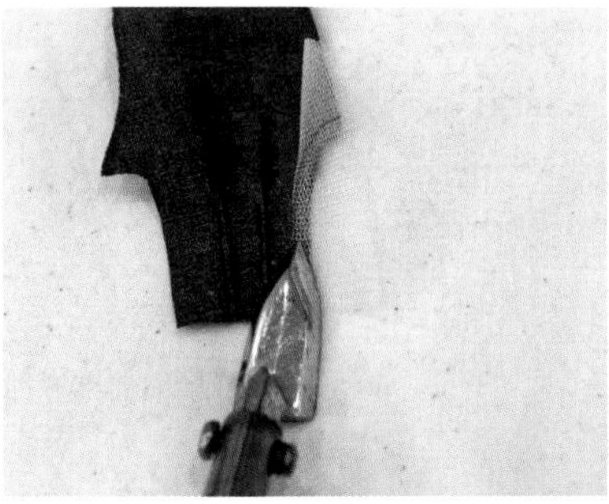

6. 將作為口袋的網紗、布料往外摺，再進行熨燙。

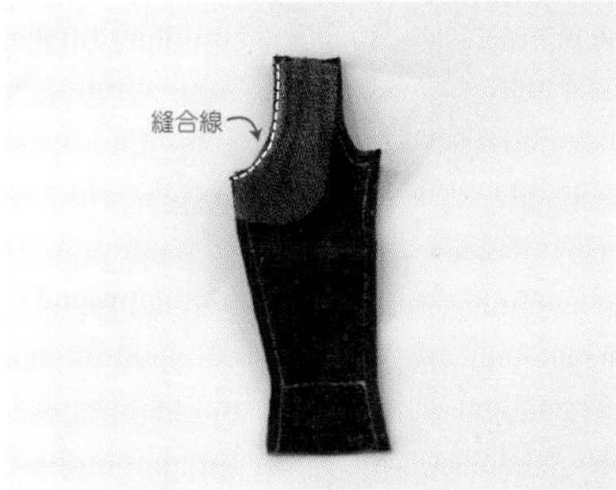

7. 將作為口袋的網紗、布料往內完全摺好，沿著口袋邊緣加入縫合線。

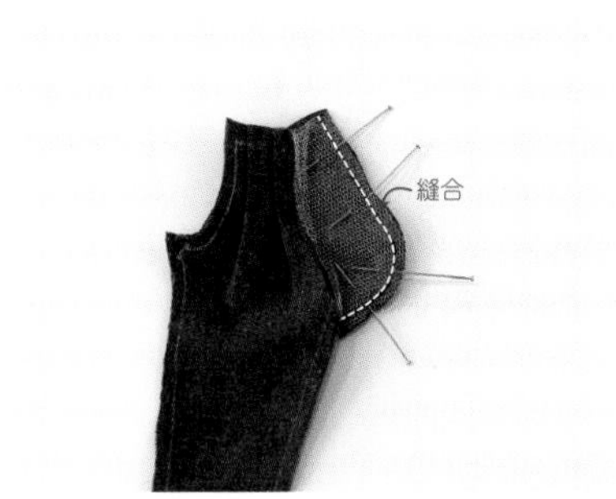

8. 將剪好的口袋布料和網紗對齊疊好並縫合。

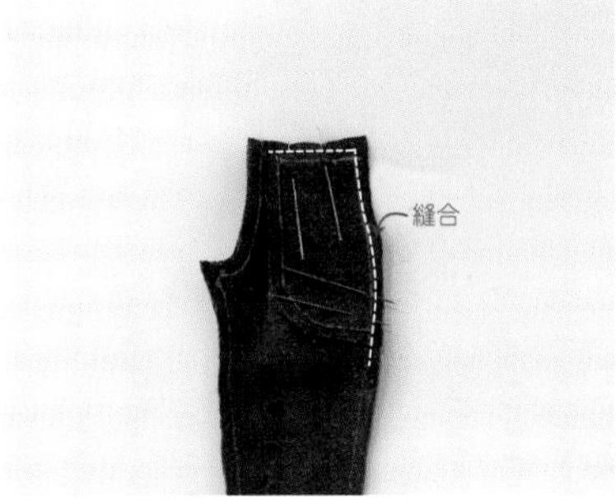

9. 將口袋縫合固定在腰圍和側縫上。

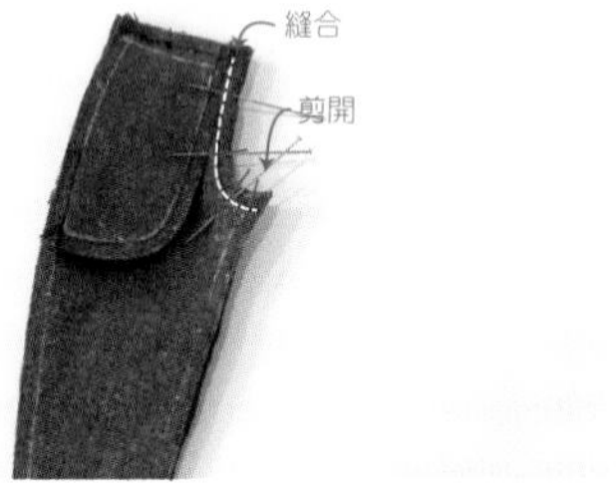

10. 將褲子前片的正面對正面貼合，縫合前片中心線之後，剪開曲線區域的縫份。

11. 將縫合區域的縫份對半分開並燙平。

12. 將褲子前片和後片的正面對正面貼合，再沿著側縫縫合。

13. 將縫份對半分開並燙平。

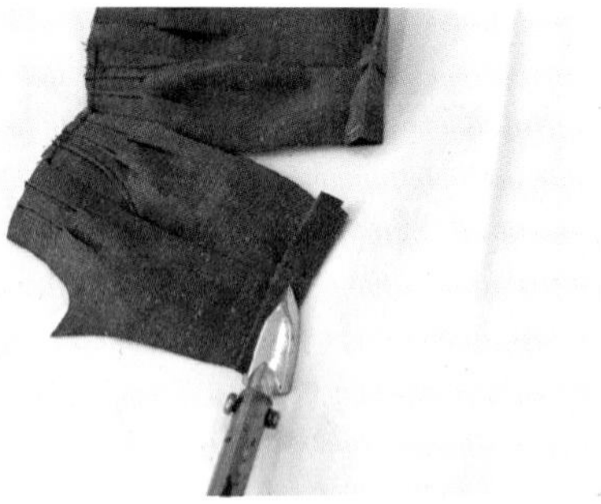

14. 將褲子下襬標示成跟紙型一樣，摺疊 2 次後燙平。

15. 將摺疊 2 次的褲子下襬側縫縫合。讓摺疊的部分固定不脫落。

16. 剪開標示在後片中心線的位置。

17. 將後片中心線剪開的上半部分往內摺並縫合。另一邊也用相同的方法進行縫合。

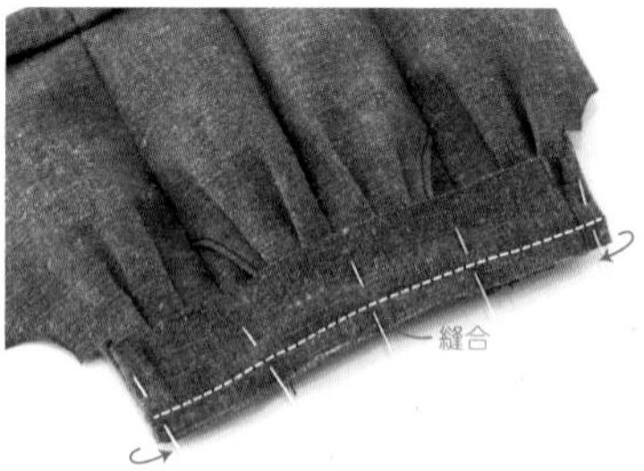

18. 將褲子和腰帶的正面對正面貼合並縫合。腰帶兩邊的縫份往內摺好並縫合。

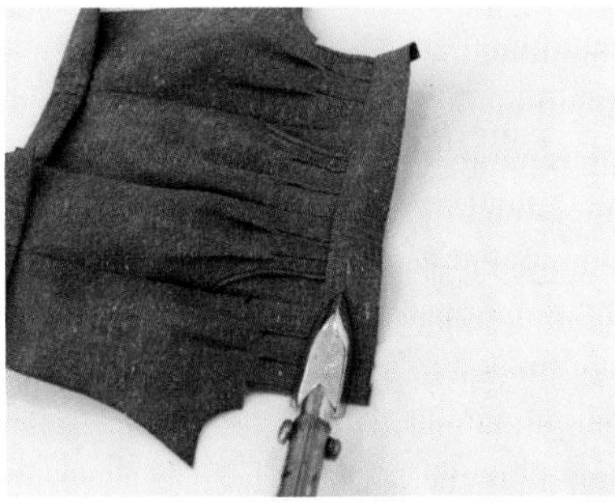

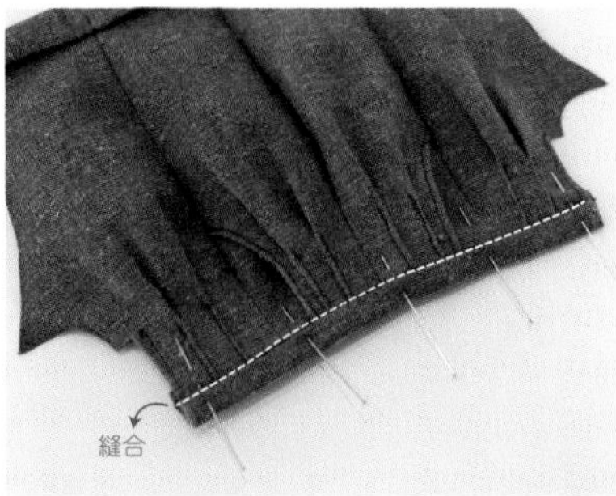

19. 將縫好的腰帶往上摺並燙平。

20. 將腰帶其餘的部分往內摺，沿著腰帶的縫線再縫合一次。

21. 縫合後片中心線後剪開縫份。

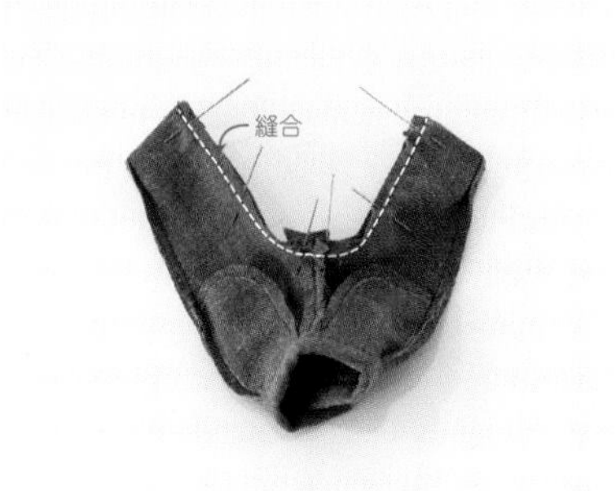

22. 將縫好的後片中心線縫份分開並燙平。

23. 將褲子前片和後片的正面對正面貼合並縫合。

24. 在後門襟縫上暗釦。

25. 在正面中間縫上鈕扣，完成！

皺褶繡連身洋裝

*

看到的瞬間就好像被迷惑住的輕柔感皺褶繡連身洋裝。用 60 支絲質亞麻、刺繡及蕾絲製作而成，
既簡約又能展現女性美的設計。
如果能在細節上多用點心，就會比想像中還要簡單製作。

Ready to do

／**L 尺寸**

60 支絲質亞麻布料：橫長 35cmx 縱長 28cm

下襬蕾絲：寬 1.5cm 長 36cm

暗釦：2 對

刺繡線：象牙白

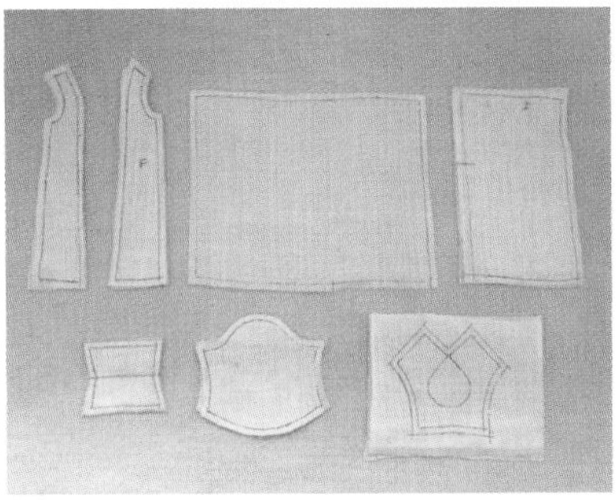

1. 將紙型放在布料上裁剪並在布料邊緣塗上防綻液。

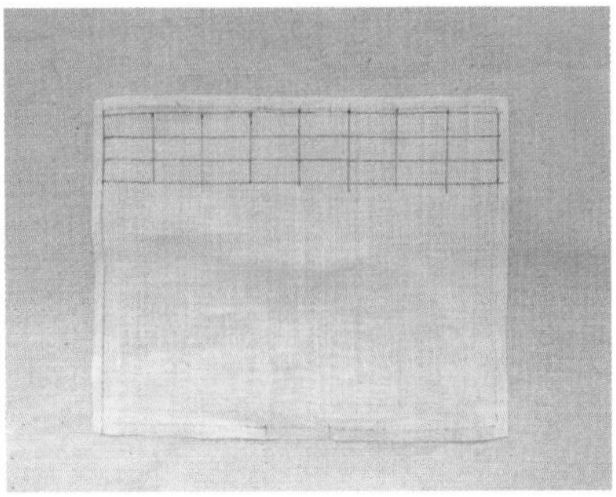

2. 在布料正面用熱消筆或水消筆，以 7 mm 為間距，畫出橫向輔助線。再縱向分成 7 等分並畫上輔助線。（畫輔助線並沒有一定的標準，只要畫出自己看得懂的樣子並分等分即可。）

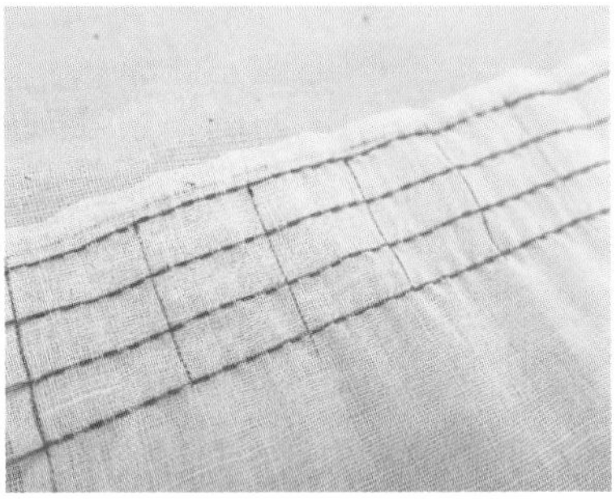

3. 4 條橫向線全部都以相同的間距縫上平針縫。（請參考第 60 頁的皺褶繡技法）

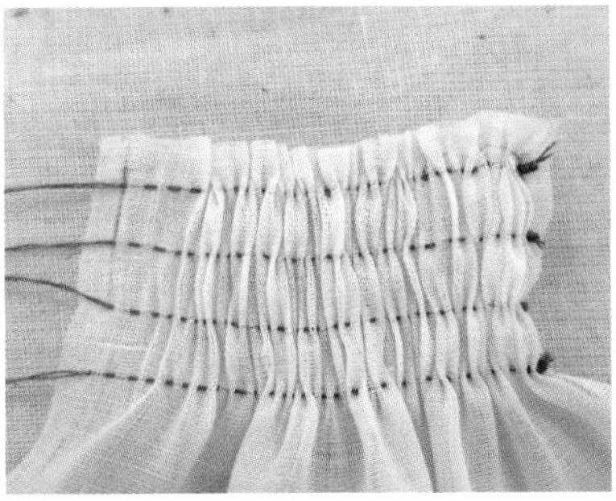

4. 將右邊線頭打結，再拉緊縫線做出皺褶。（請參考第 60 頁的皺褶繡技法）薄的布料比較容易做出不規則的皺褶，提供您作為參考。

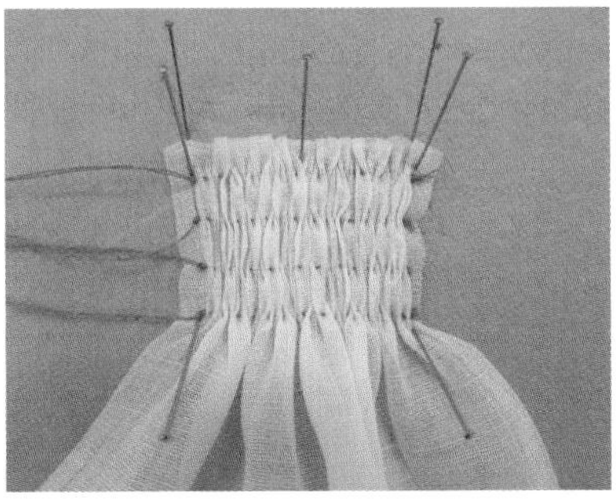

5. 做出縮褶後，將布料長度縮短成 4 cm，再打結固定。可以利用發泡板或保麗龍等，用珠針固定在上面，這樣比較方便進行作業。

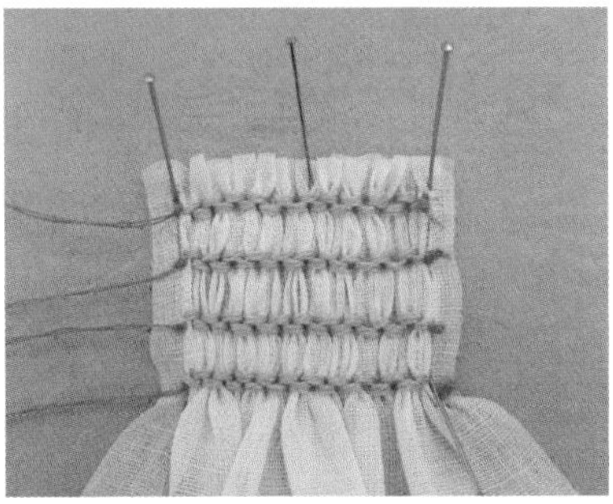

6. 加進皺摺繡。（請參考第 60 頁的皺褶繡技法）

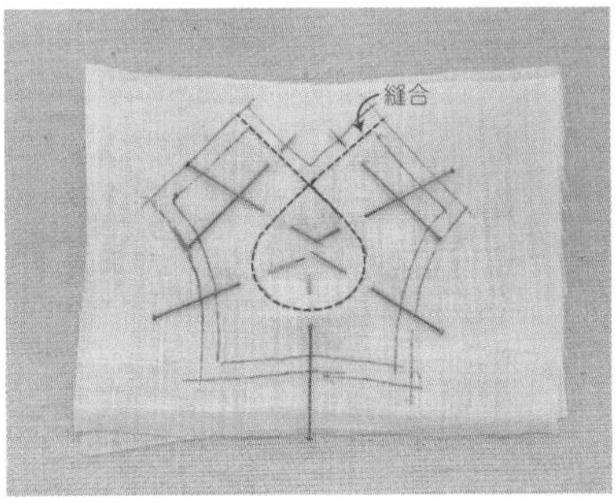

7. 將上半身表布和裡布的正面對正面貼合，縫合後片中心線和頸圍。

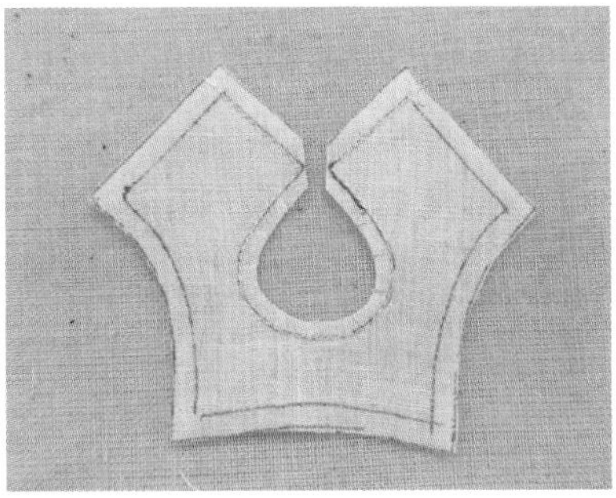

8. 將布料剪成只留下縫份。

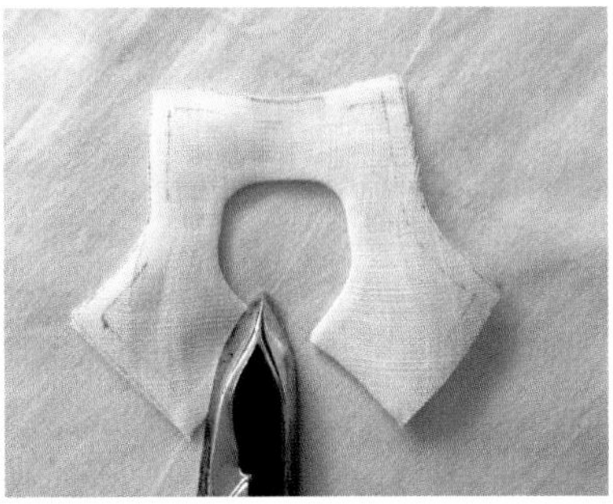

9. 翻面後燙平。

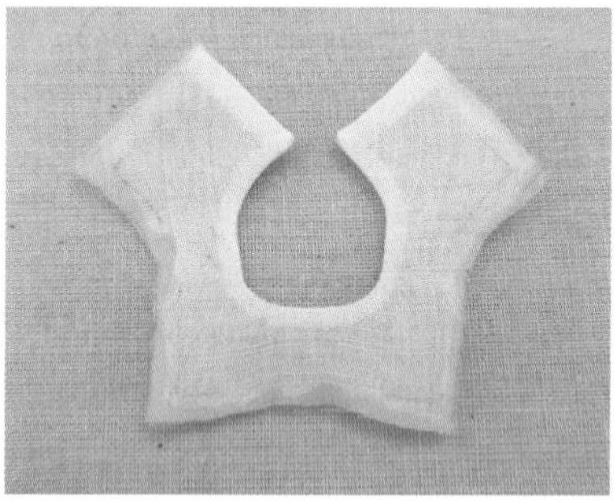

10. 除了已經縫合的部分，其餘都塗上防綻液。

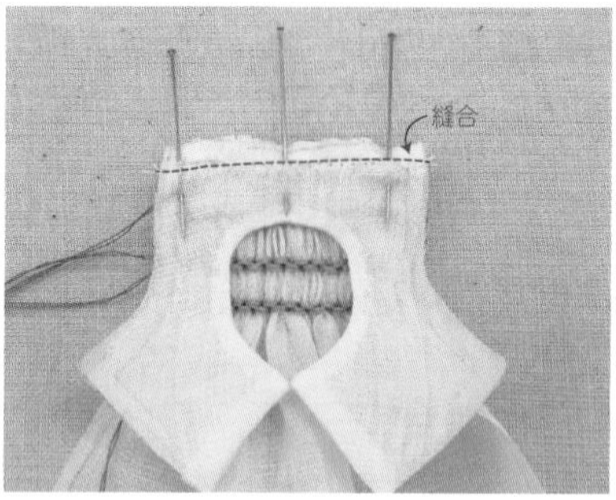

11. 將完成皺摺繡的前片和上半身前片正面對正面貼合並縫合。

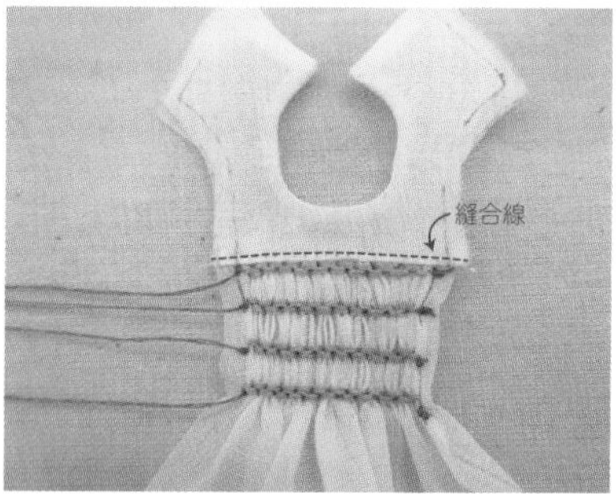

12. 將縫份朝上半身摺疊，再從上半身沿著縫線縫合。

13. 去除平針縫縫線。將右邊的結剪掉再從左邊拉，就能輕鬆去除平針縫縫線。

14. 在裙子後片腰圍縫上 2 條平針縫。

15. 拉緊縫好的上、下 2 條縫線做出縮褶。

16. 將上半身後片和做出縮褶的裙子正面對正面貼合並縫合。

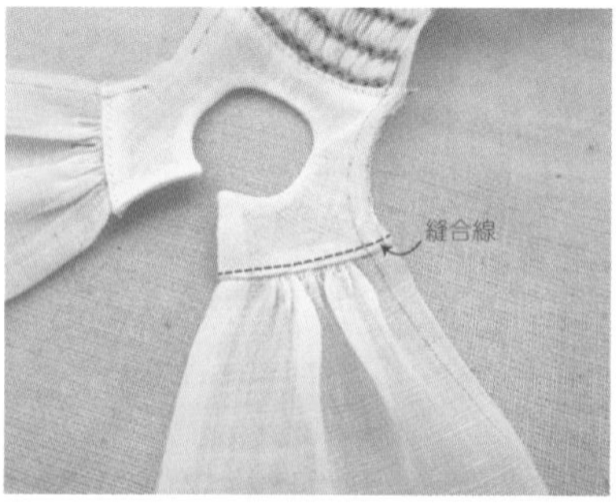

17. 同前片方法將後片縫合，再將縫份朝上半身方向摺疊並縫合。

18. 將前側片和後側片的正面對正面貼合並縫合肩線。

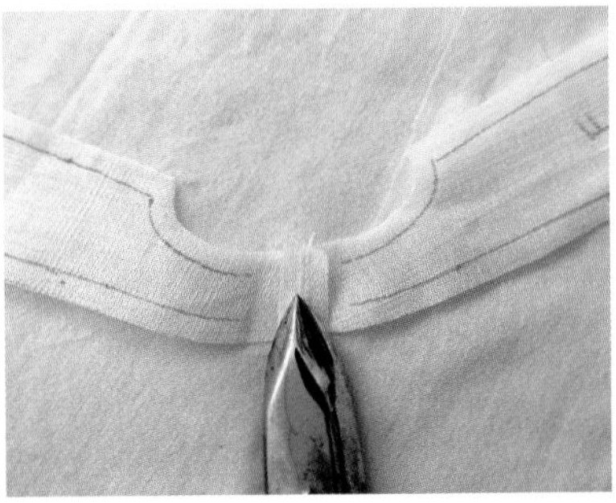

19. 將縫份分開並燙平。

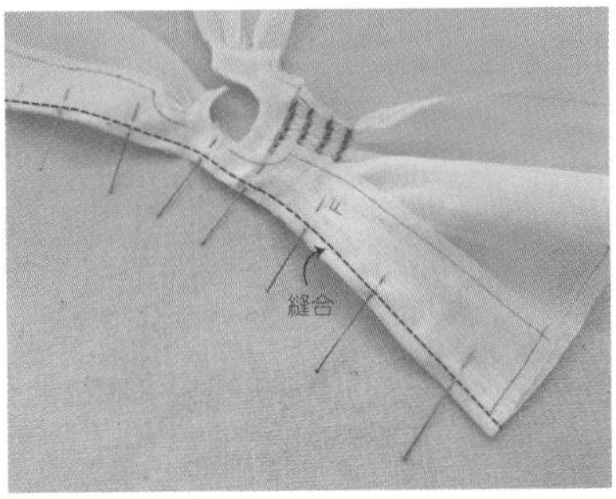

20. 將已縫合肩線的側片和洋裝的側縫對齊貼合並縫合。

21. 將縫份朝外邊摺疊再縫合。

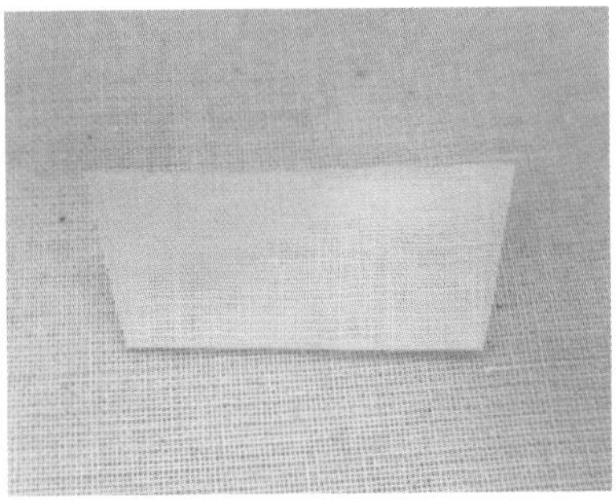

22. 將袖口對半摺並燙平。

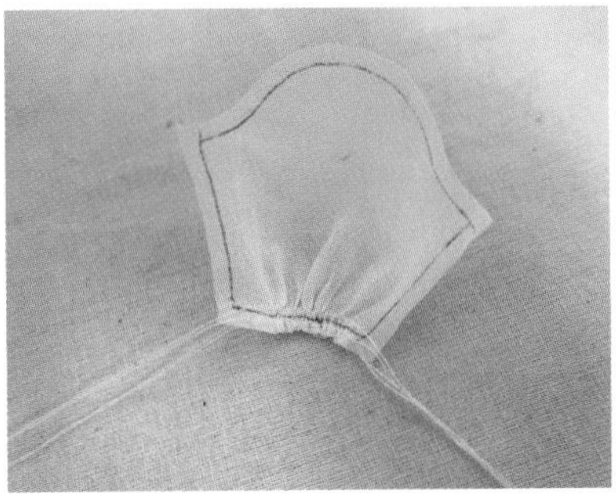

23. 在袖底縫上 2 條平針縫後，拉緊上、下 2 條縫線做出縮褶。

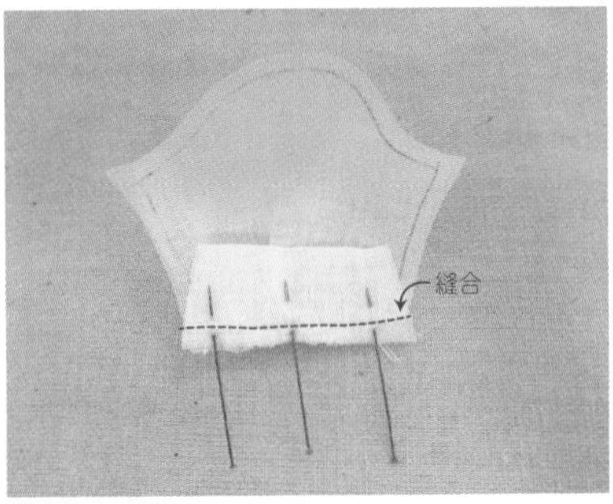

24. 將袖口較長的那一邊和袖底正面對正面貼合並縫合。

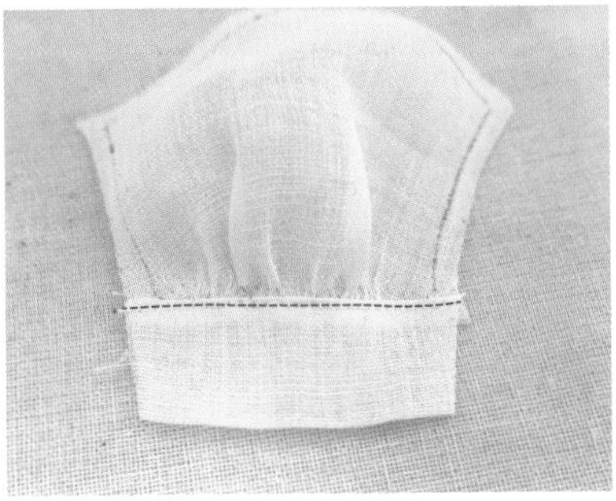

25. 縫份朝袖口方向摺疊並縫合。

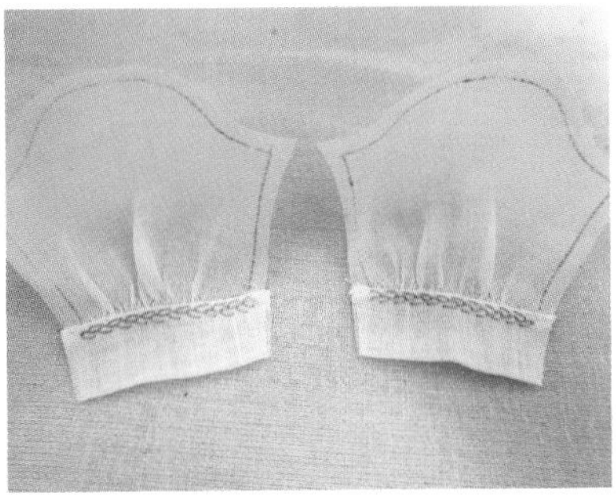

26. 在袖口上緣繡羽毛繡。

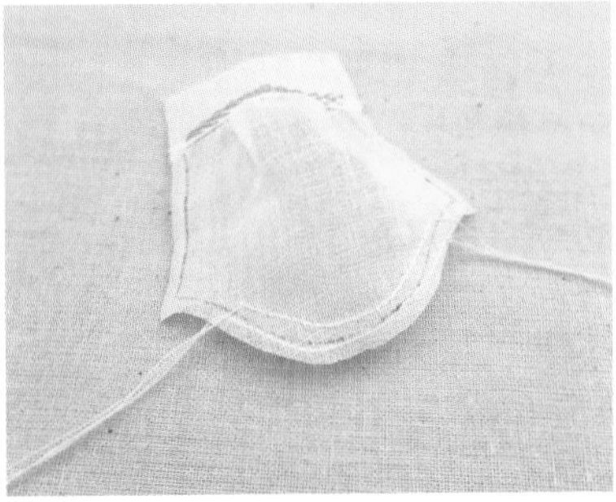

27. 在袖山縫上 2 條平針縫。

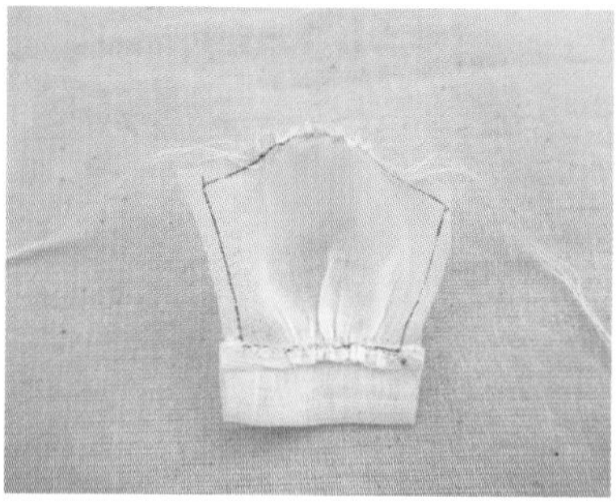

28. 拉緊上、下 2 條縫線做出縮褶。

29. 將袖子和洋裝主片正面對正面貼合並縫合。

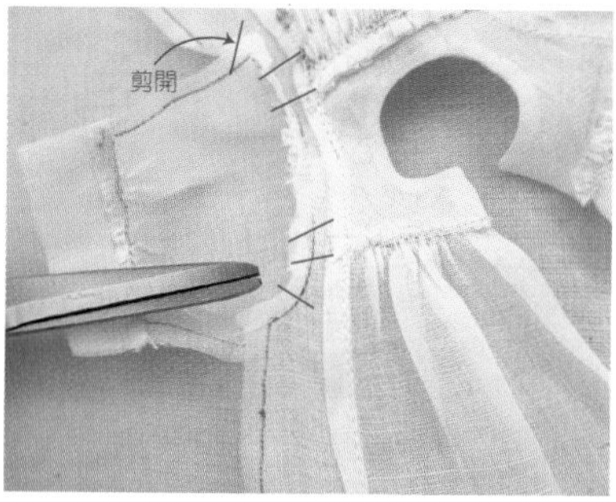

30. 剪開袖襱曲線區域的縫份。

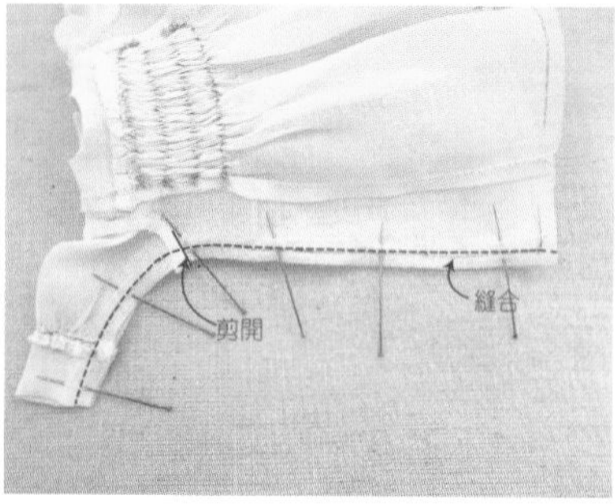

31. 以肩線為基準對半摺，將側縫縫合。

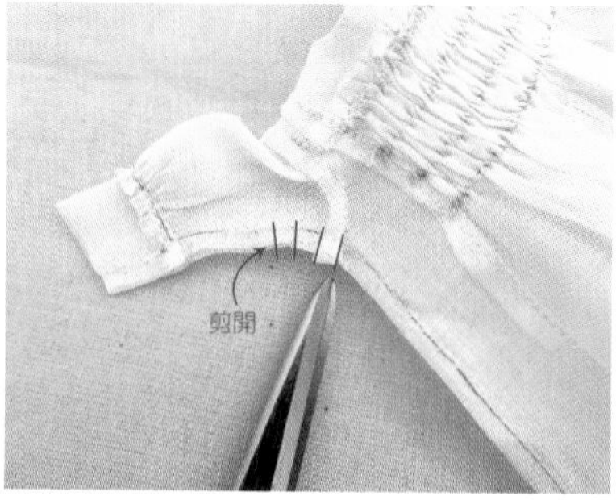

32. 剪開袖子跟袖襱連接區域的縫份、袖子曲線區域的縫份。

33. 將側縫縫份對半分開並燙平。

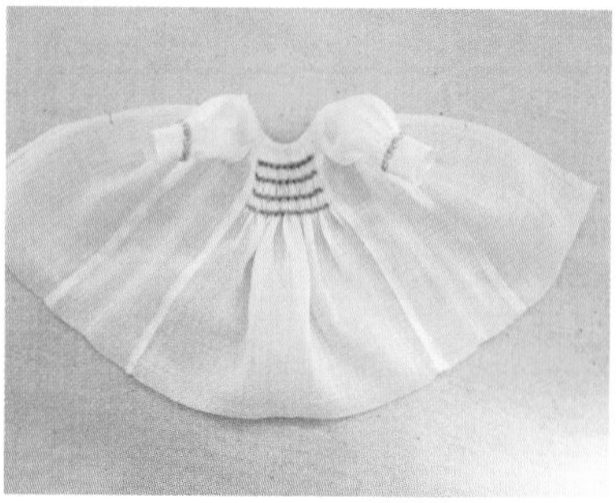

34. 縫完側縫後，再整理下襬的長度。

35. 將蕾絲疊在裙子下襬並縫合。雖然一般是將下襬摺好再縫上蕾絲，但是在布料很薄的情況下，只要將下襬塗上防綻液再縫上蕾絲，裙襬看起來就會既輕盈又自然。

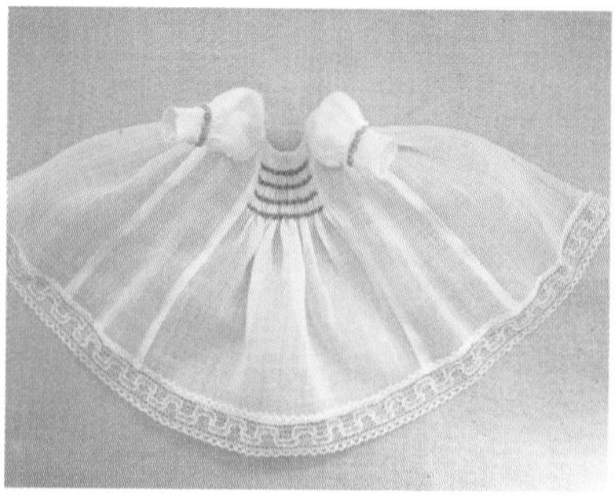

36. 裙襬縫上蕾絲的完成圖。

37. 縫上蕾絲後再熨燙。

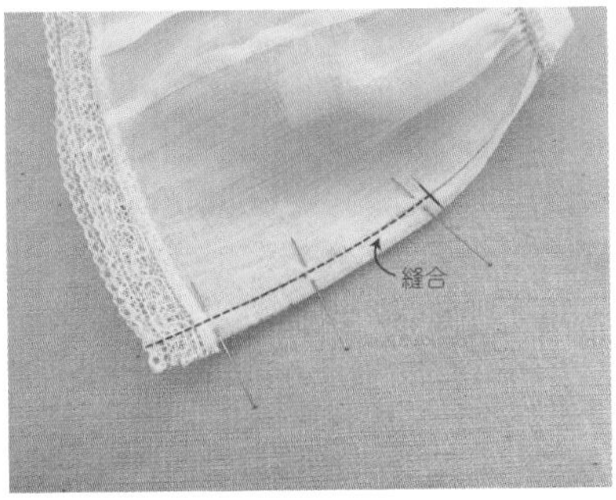

38. 將兩邊的後片中心線正面對正面貼合並只縫合標示的部分。

39. 將縫好的縫份對半分開並燙平。

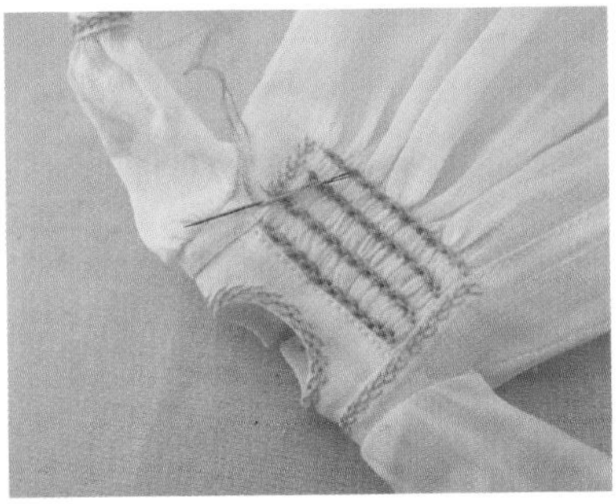

40. 在側縫和頸圍繡上羽毛繡作為裝飾。

41. 完成！

皺褶繡技法

皺褶繡是在使用鬆緊帶之前，為了將衣服變得有彈性而發明出來的手工刺繡技術。

一般是在絲質亞麻或滑面的亞麻布上進行刺繡。

源自 16 世紀的技法，至今仍深受喜愛的皺褶繡。

如果能認真地學習一次，一輩子都受用。

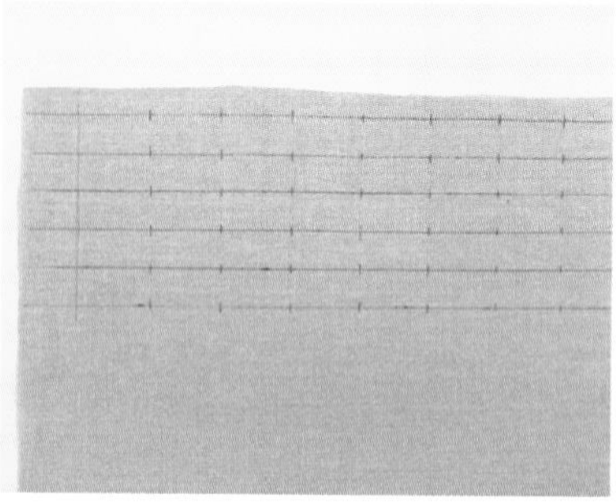

1. 用水消筆或熱消筆在布料上畫出輔助線。

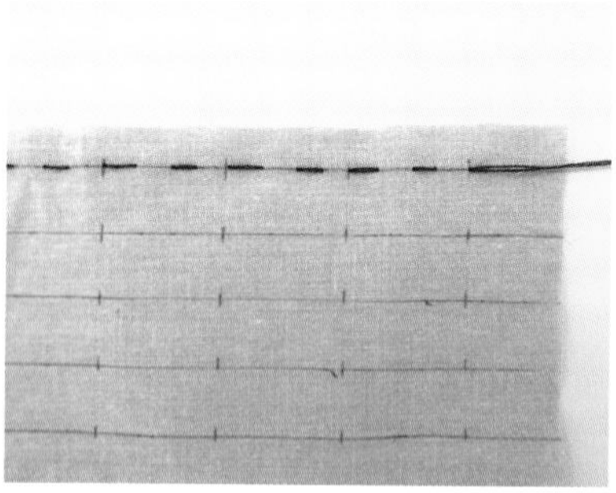

2. 縫上針數及大小固定的平針縫。

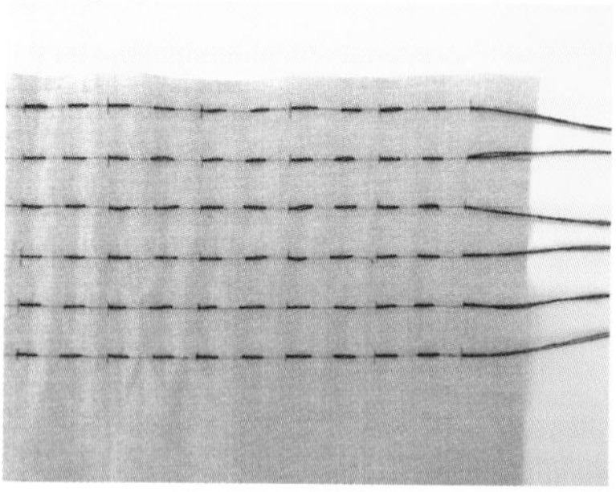

3. 縫上與輔助線間距相同的平針縫。上、下的間距相同，皺褶才會相同。

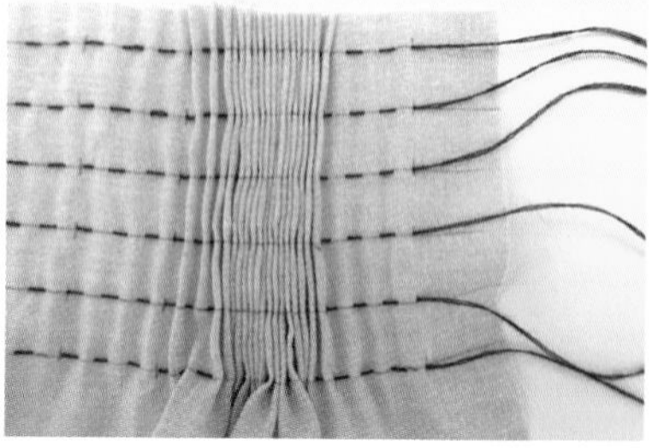

4. 拉緊縫線做出縮褶。

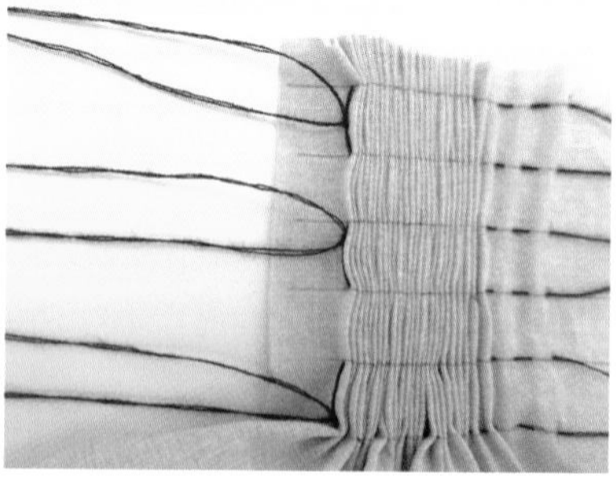

5. 如照片所示， 2 條綁在一起或打個結。

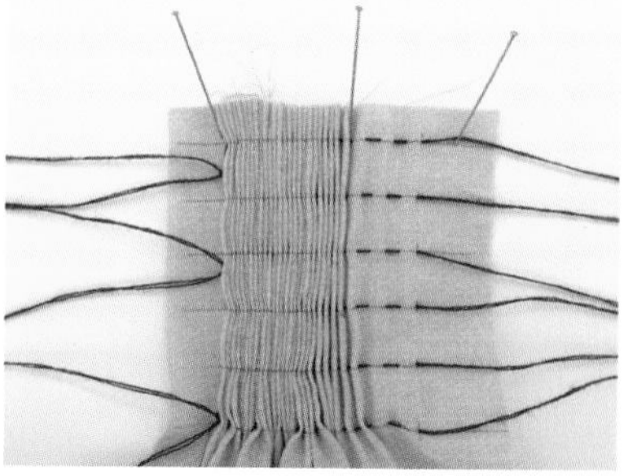

6. 後面墊著發泡板或保麗龍，插上珠針固定，這樣比較方便進行作業。

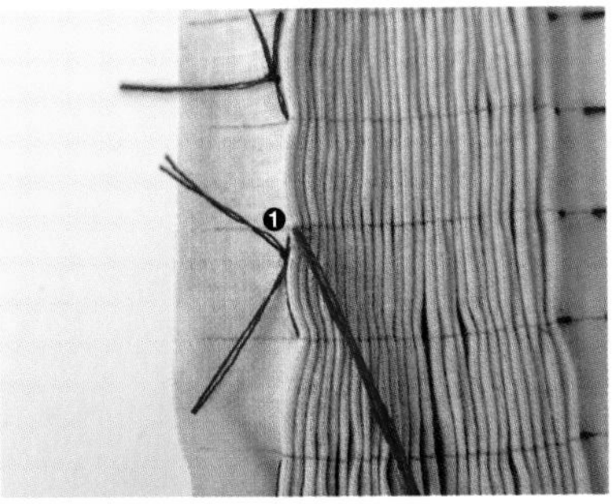

7. 把針插到照片中的 1 號皺褶中間。

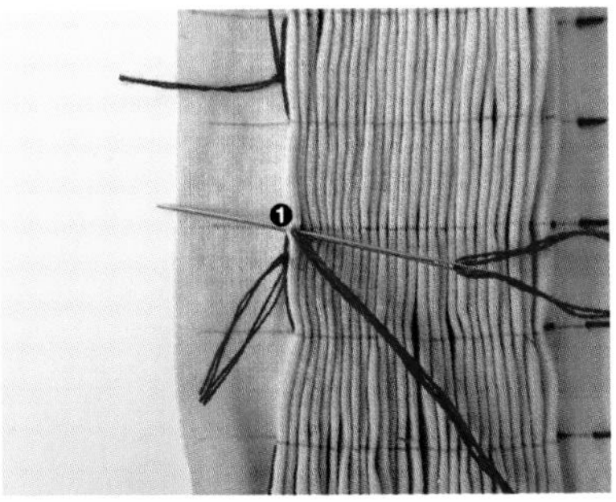

8. 針從 1 號皺褶後面往前穿過。

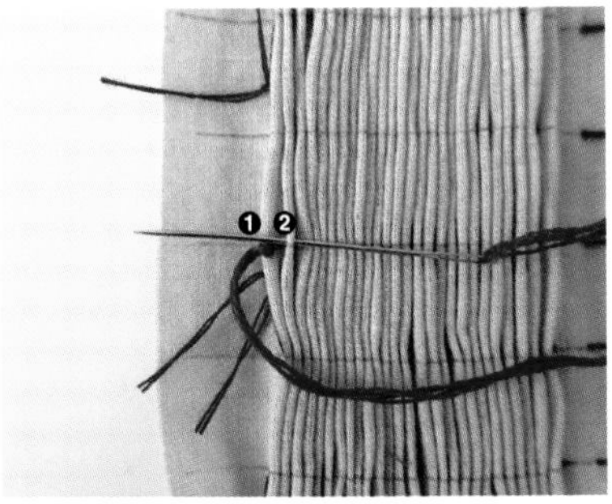

9. 把線放在下面，針再從 2 號皺褶後面往前穿過。

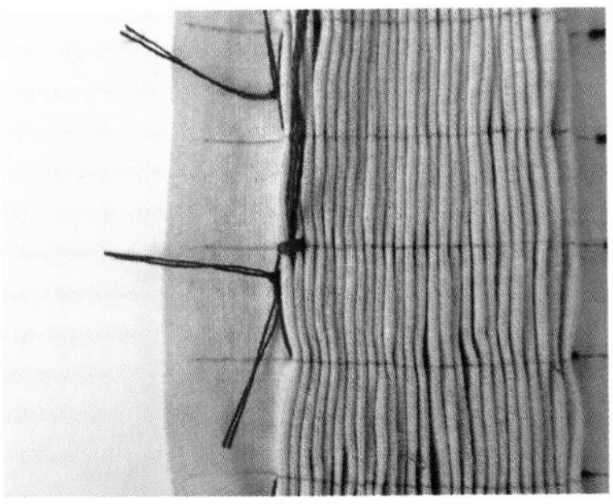

10. 繡出纜繩繡。

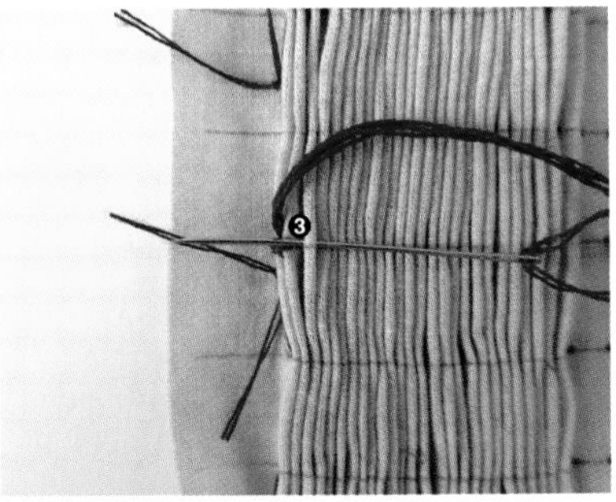

11. 把線放在上面，針再從 3 號皺褶後面往前穿過。

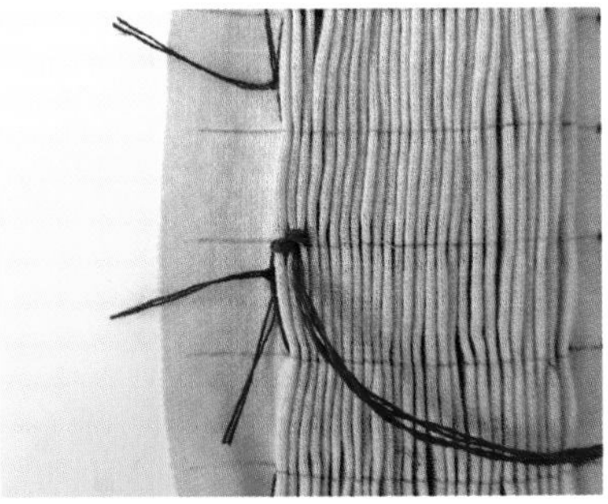

12. 往上繡出纜繩繡。

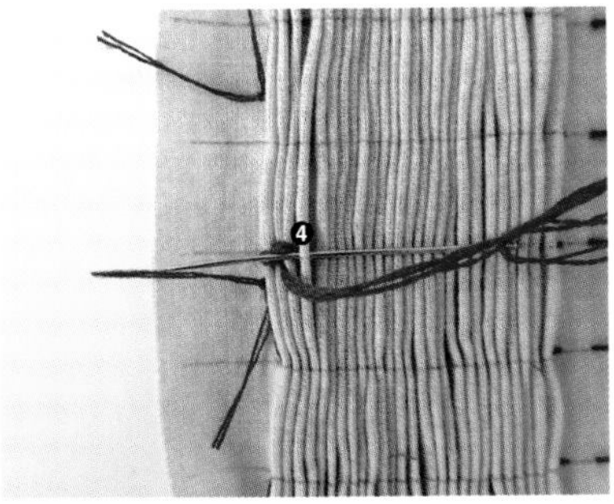

13. 把線放在下面，針再從 4 號皺褶後面往前穿過。

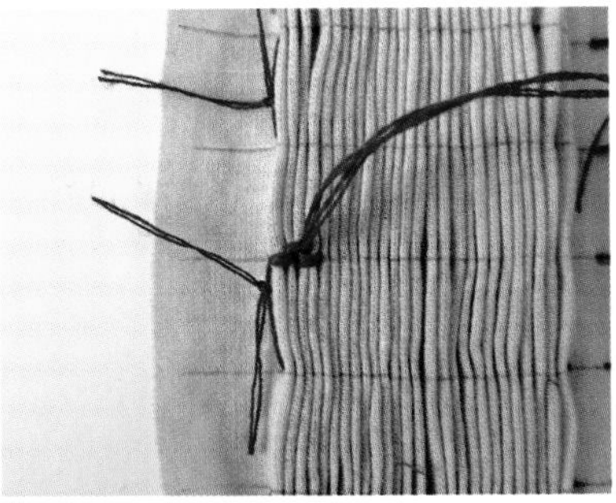

14. 往下繡出纜繩繡。

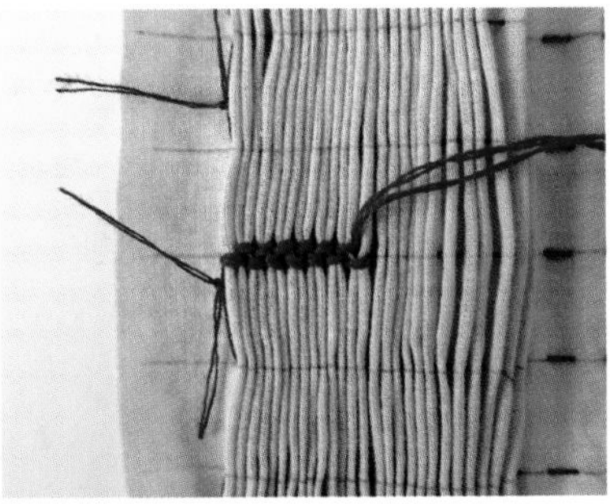

15. 重複相同的動作就能完成基本的纜繩繡。

罩衫

花紋圖樣的後開襟罩衫。短版設計的上衣長度非常適合搭配丹寧褲。
如果能注重頸圍、袖子和腰圍的細節，就能提高作品完成度。

Ready to do

／**L**尺寸

60 支花紋布料：橫長 22cm×縱長 15cm

網紗布料：橫長 10cm×縱長 10cm

蕾絲：腰部 20cm、上半身 2 條 10cm

暗釦：2 對

／**S**尺寸

60 支花紋布料：橫長 17cm×縱長 19cm

網紗布料：橫長 10cm×縱長 9 cm

蕾絲：腰部 20cm、上半身 2 條 10cm

暗釦：2 對

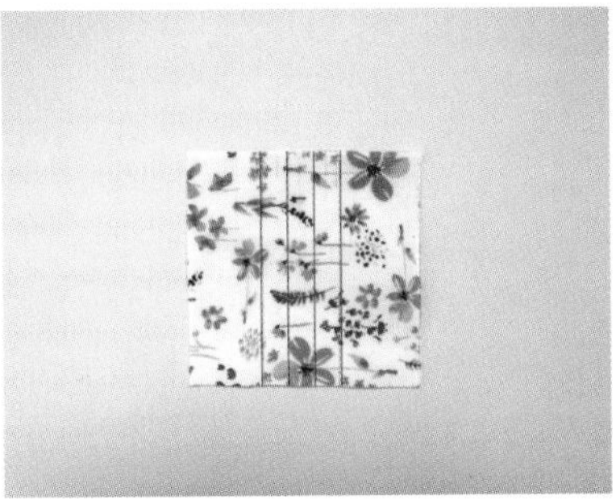

1. 剪一塊比前中心片紙型還大的布料並在上面以水消筆或熱消筆畫出 4 條間距 7 mm 的直線。

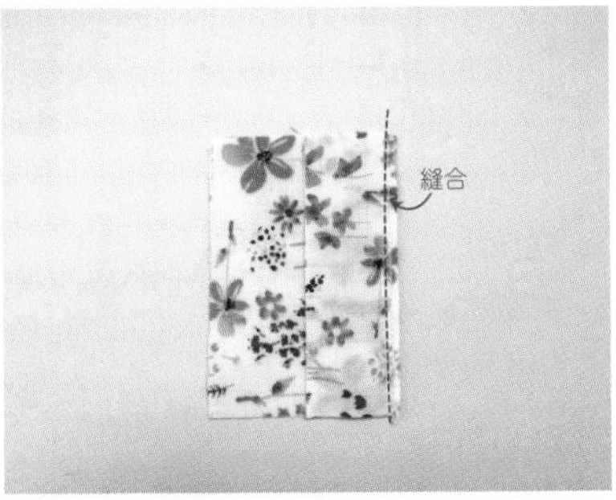

2. 將畫好的線摺疊後，以 1 mm 為間距縫合，做出細褶。

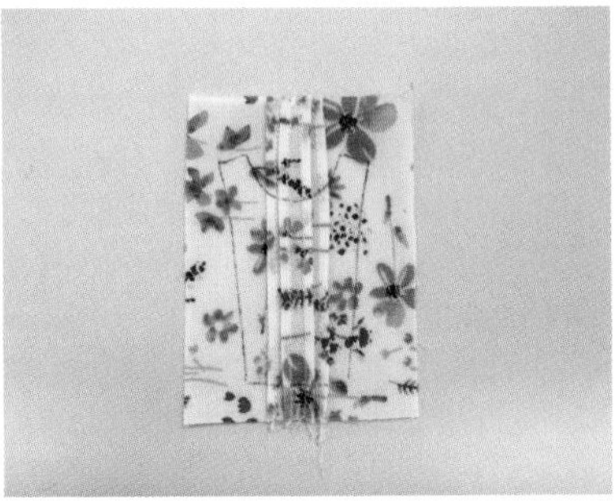

3. 4 條線全部都以 1 mm 為間距縫合，再 2 條向左、另外 2 條向右平放並用熨斗燙平。

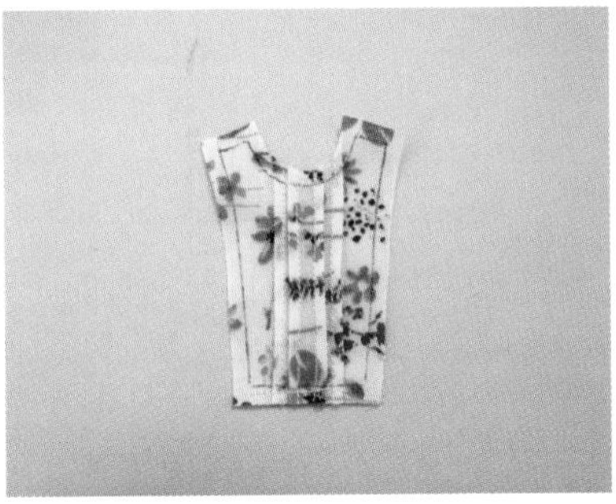

4. 將前中心片紙型放上去描繪，再進行裁剪。

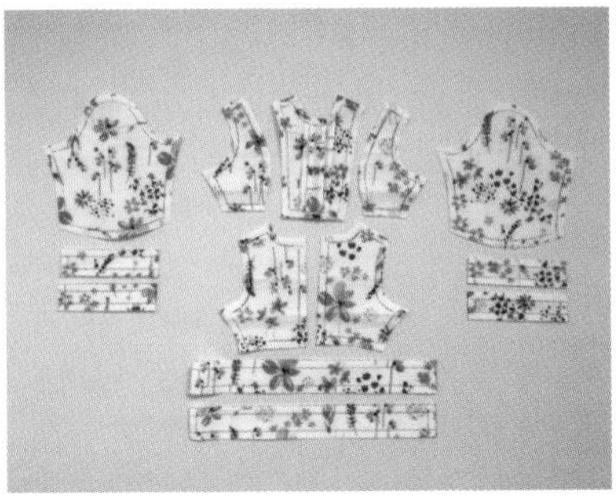

5. 其餘的紙型也放在布料上裁剪並在布料邊緣塗上防綻液。

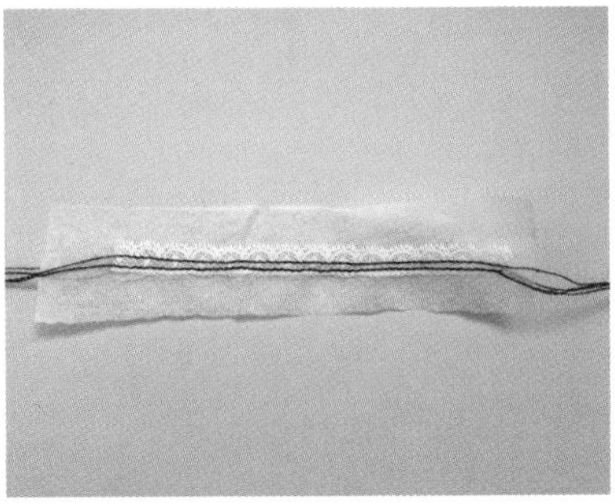

6. 在蕾絲上縫 2 條平針縫縫線。如果是用縫紉機車縫，就要增加針距長度再車縫。如果在底下墊著宣紙，再用縫紉機車縫，就能防止蕾絲被捲進去。

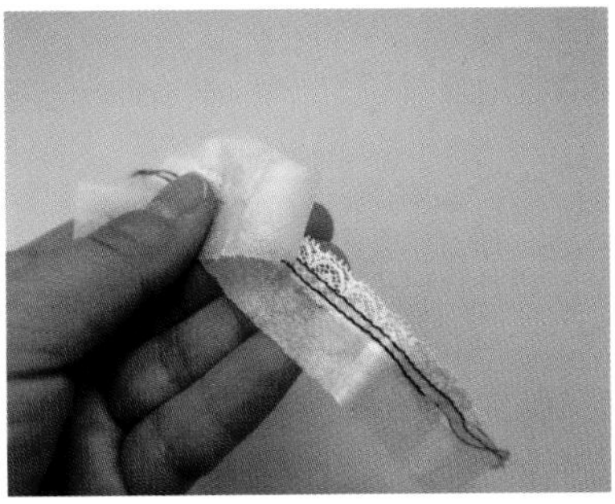

7. 將宣紙去除。

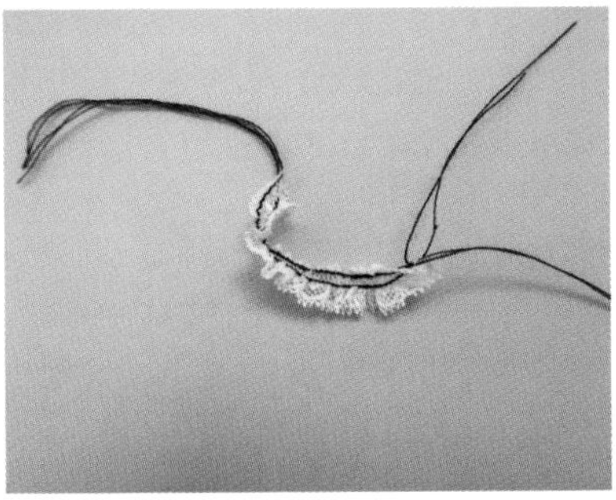

8. 拉緊縫好的上、下 2 條縫線做出縮褶。

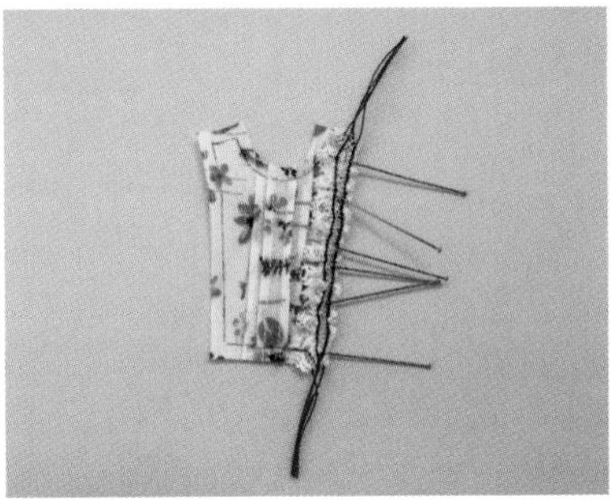

9. 將蕾絲疊放在前中心片正面並縫合。要調整蕾絲皺褶分量再縫，縫完後把多餘的平針縫線去除。

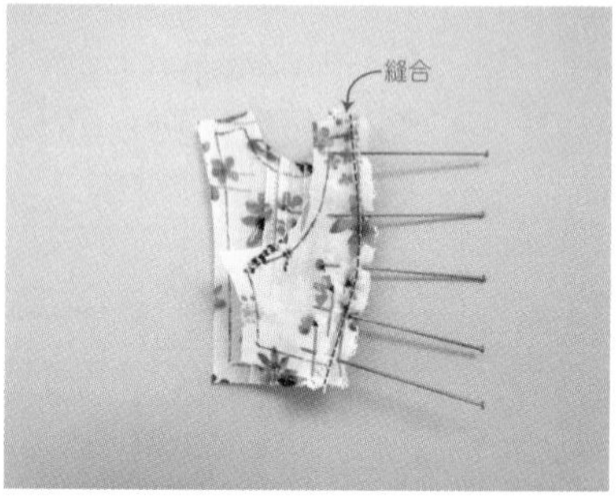

10. 將前中心片和側片的正面對正面貼合並縫合。

11. 如照片所示，將縫上蕾絲的側縫加入縫合線。

12. 另一邊也將蕾絲和側縫縫合並加入縫合線。

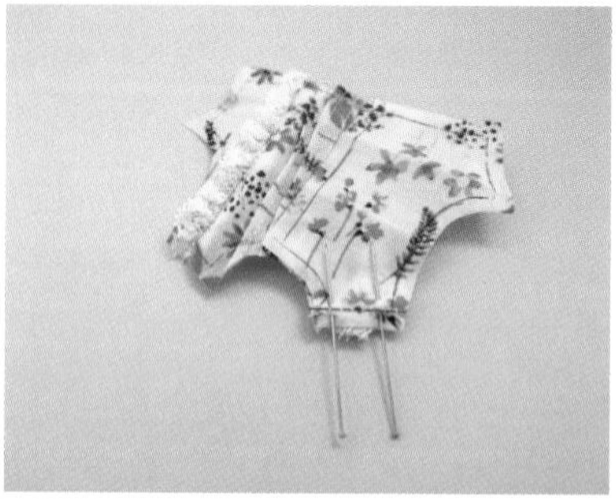

13. 將前片和後片的正面對正面貼合並縫合肩線。

14. 將肩線縫份分開並燙平。

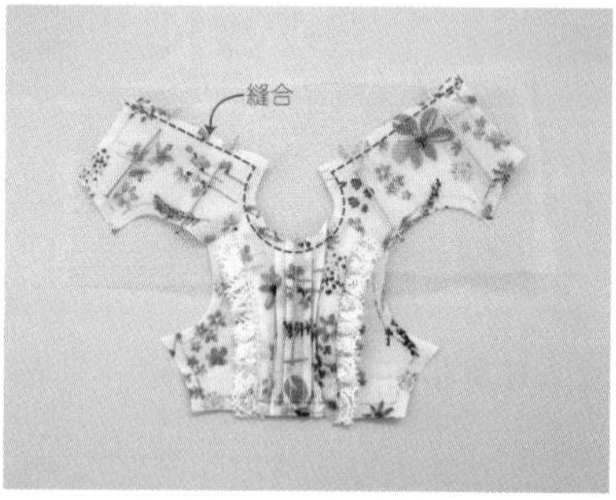

15. 在上衣正面疊上一層網紗並縫合後片中心線、頸圍。

16. 在縫線邊緣留下 1 cm 寬的網紗，其餘網紗都剪掉。

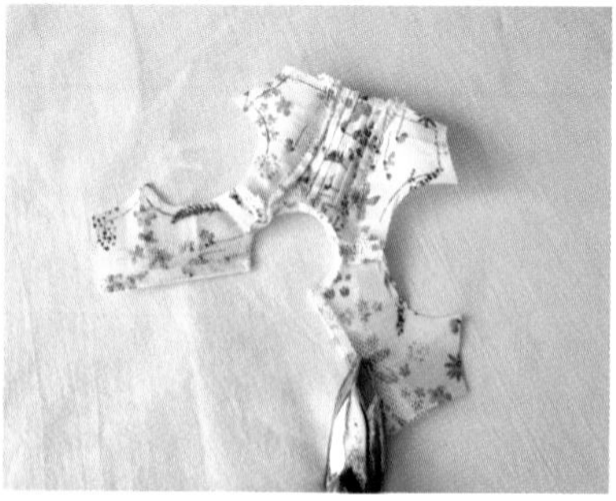

17. 將網紗往內摺並燙平。將熨斗溫度降低，才不會把網紗燙到融化。

18. 沿著後片中心線、頸圍加入縫合線。

19. 在袖山及袖底縫上 2 條平針縫線。

20. 拉緊袖底上、下 2 條縫線做出縮褶。

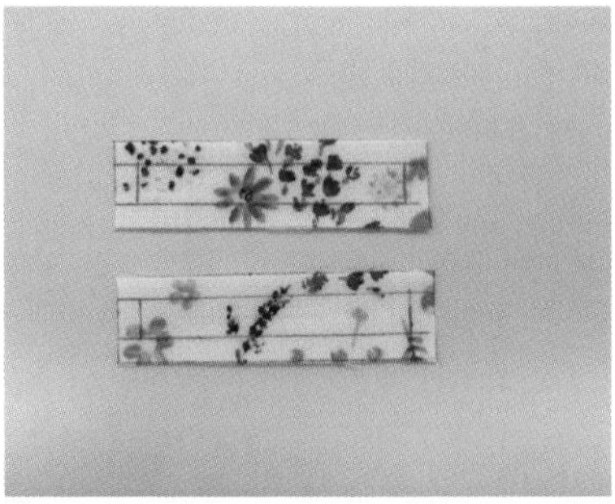

21. 準備 2 張袖口。

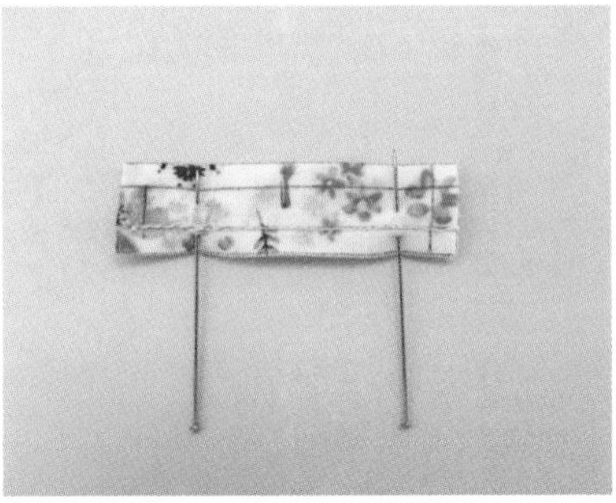

22. 將 2 張袖口的正面對正面貼合並縫合。

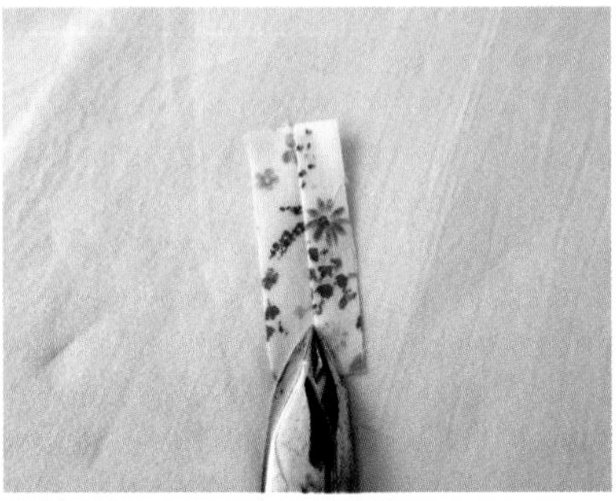

23. 將縫份往裡布方向摺疊並燙平。

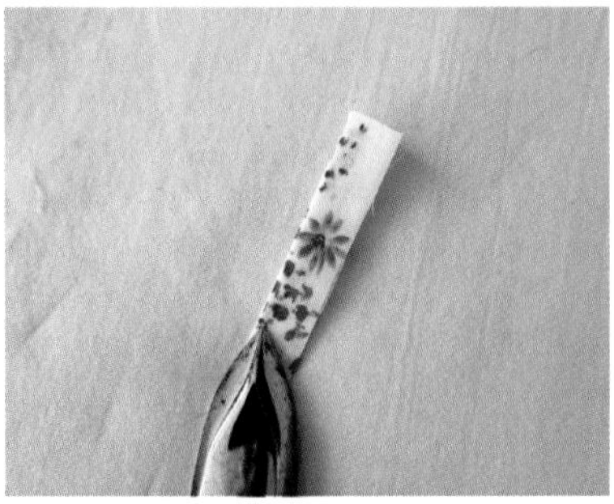

24. 以縫線為基準對半摺，再熨燙一次。

25. 將袖子和袖口的正面對正面貼合並縫合。

26. 將其餘的袖口對半摺，在袖口正上方縫上縫合線，藏住原本的縫線。

27. 從背面看袖子的完成圖。

28. 拉緊袖山上、下 2 條平針縫線做出縮褶。

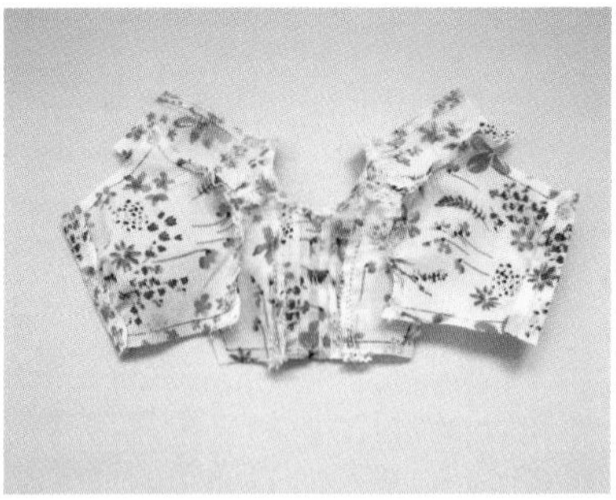

29. 將上衣和袖山的正面對正面貼合，沿著袖襱縫合。

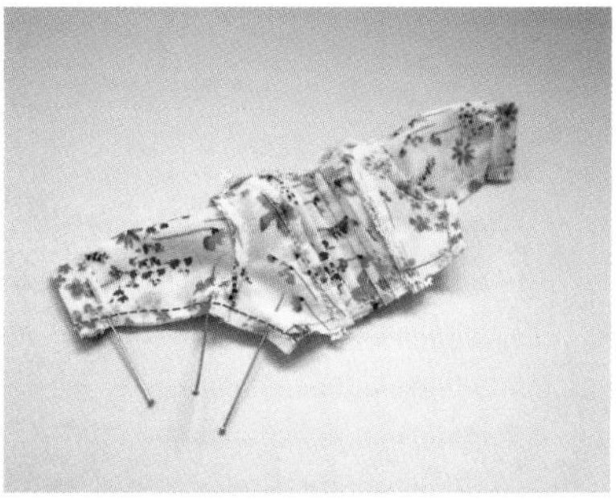

30. 以肩線為基準對半摺並縫合袖子和側縫。

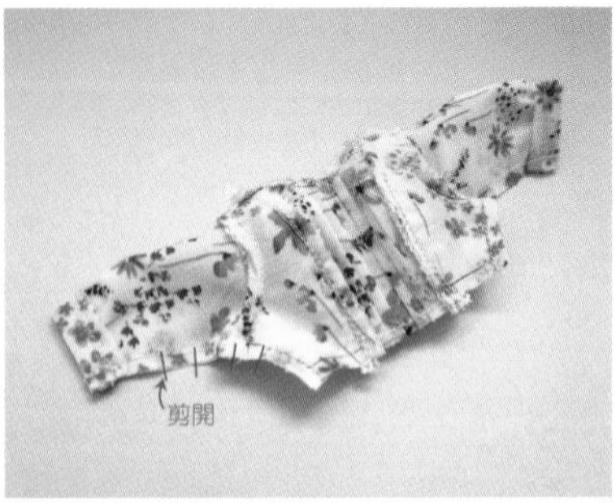

31. 剪開袖襱與側縫交會的部分和袖子的縫份。

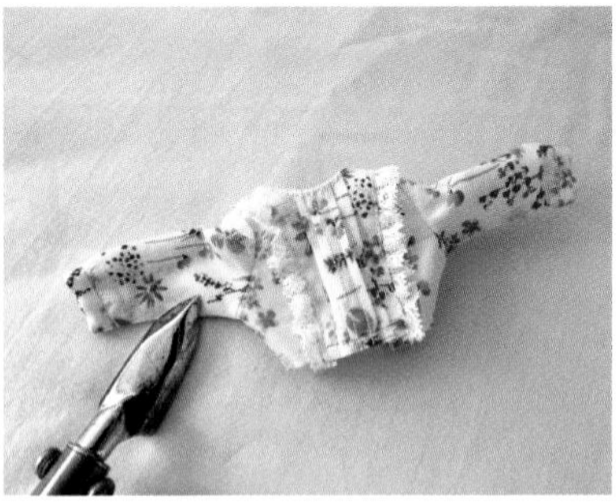

32. 翻面後將袖子摺好並燙平。

33. 將側縫縫份往兩邊分開並燙平。

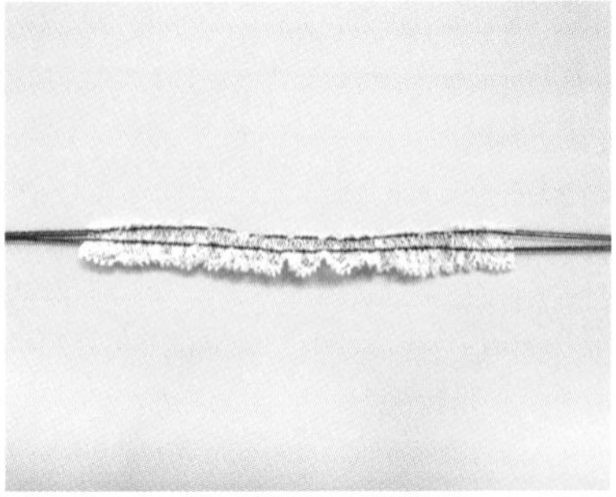

34. 參考步驟 6、7，將腰帶下襬的蕾絲做出縮褶。

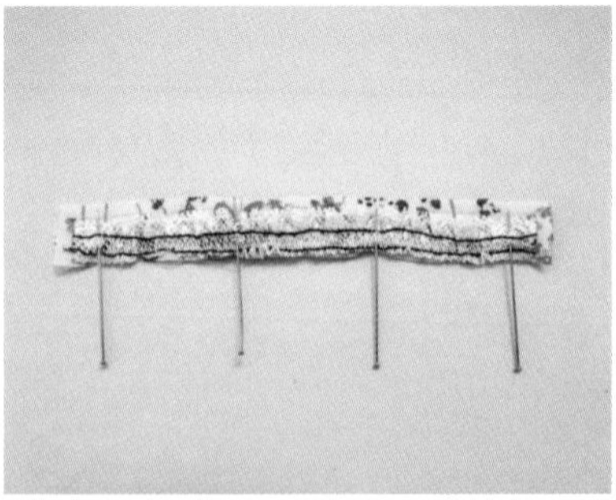

35. 將做出縮褶的蕾絲對齊並縫在腰帶下邊。蕾絲要縫在腰帶兩邊縫份內側。

36. 縫上蕾絲的縫份要朝腰帶方向摺疊，再加入縫合線。

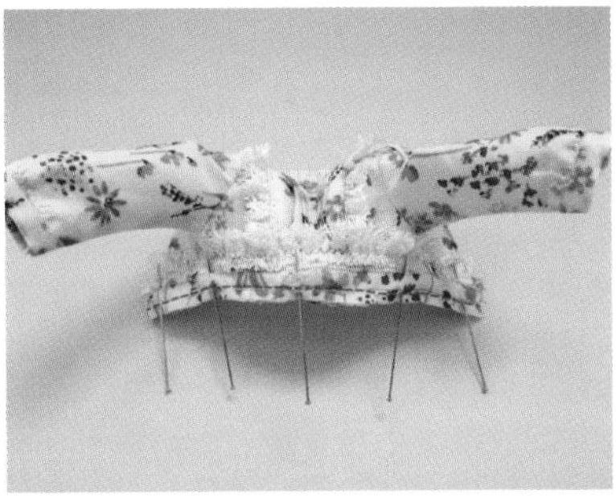

37. 上衣和縫上蕾絲的腰帶正面對正面貼合並縫合。

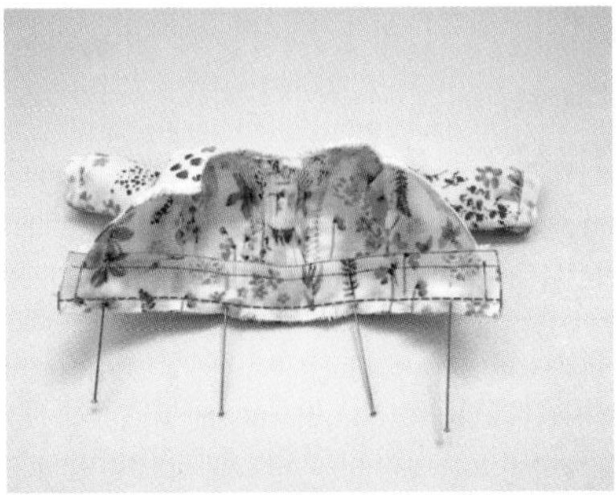

38. 另一片腰帶的正面和上衣的背面貼合並縫合腰圍的部分。

39. 縫好腰帶的側縫後，將縫份稜角以斜線剪掉。

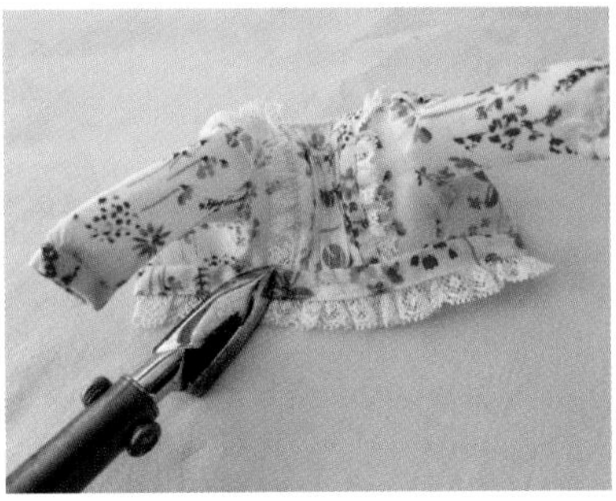

40. 熨燙腰帶的部分。

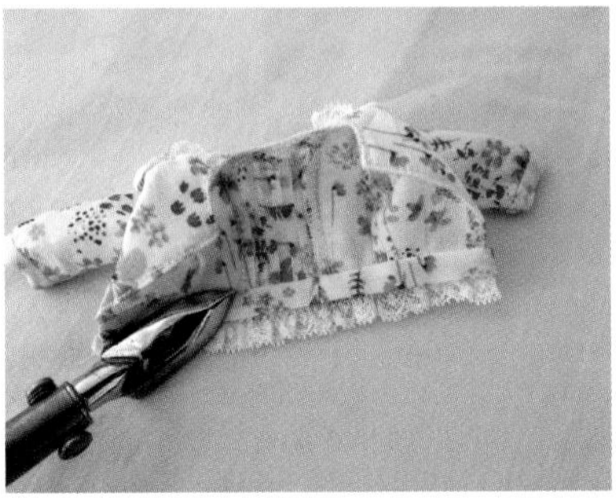

41. 背面的腰帶下襬也要將縫份摺好並燙平。

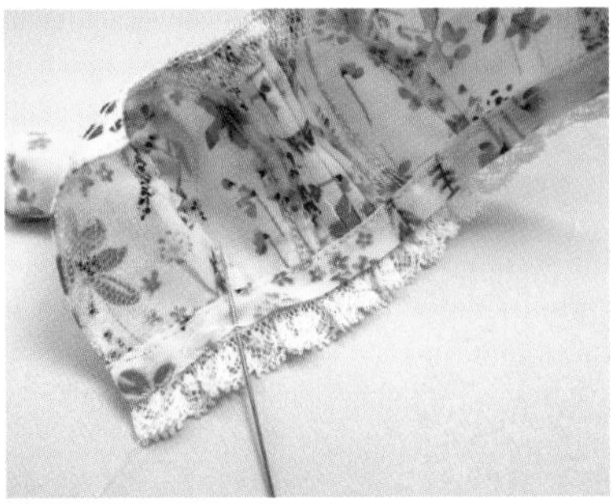

42. 摺起來的縫份用捲針縫收尾。

43. 在腰帶上方加入縫合線。

44. 將暗釦縫在後門襟上，完成！

丹寧短裙

長度在膝蓋之上、迷你裙裙長的丹寧短裙。
稍微開展的 A 字形設計，看起來更加活潑。
燙鑽與縫合線，充滿丹寧特有的風味。

Ready to do

／L 尺寸

40 支牛仔布料：橫長 12cm×縱長 20cm
60 支麻紗布料：橫長 12cm×縱長 3 cm
網紗布料：橫長 8 cm×縱長 4 cm
燙鑽： 3 mm 5 顆、 2 mm 8 顆
暗釦：3 對

／S 尺寸

40 支牛仔布料：橫長 11cm×縱長 20cm
60 支麻紗布料：橫長 10cm×縱長 4 cm
網紗布料：橫長 8 cm×縱長 4 cm
燙鑽： 2 mm 13 顆
暗釦：3 對

1. 將紙型放在布料上並裁剪，接著在布料邊緣塗上防綻液。

2. 將裙子前片的正面對正面貼合並縫合。

3. 從正面看時，是將縫份朝左邊摺疊並燙平。

4. 以縫線為基準，加入間距為 0.5cm 的縫合線。

5. 將裙子和口袋裡布的正面對正面貼合並縫合。

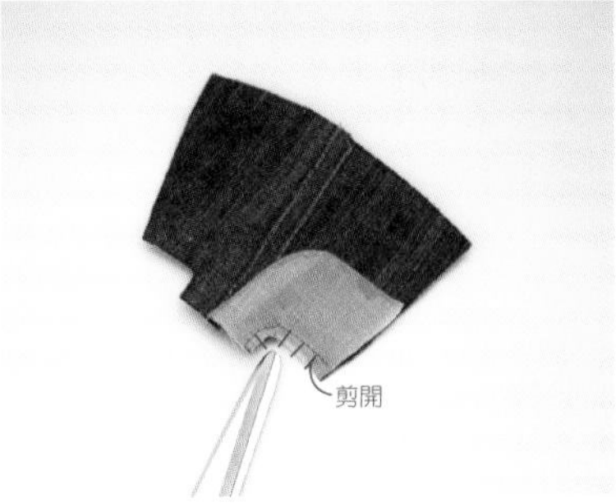

6. 剪開曲線區域的縫份。

7. 將口袋朝裙子背面摺疊並燙平。

8. 在口袋上緣加入 2 條縫合線。

9. 將牛仔布料的口袋正面和連接到裙子上的口袋裡布貼合並縫合。

10. 用相同的方法縫上另一邊的口袋。

11. 將縫好口袋的前片和後片正面對正面貼合並沿著裙子側縫縫合。

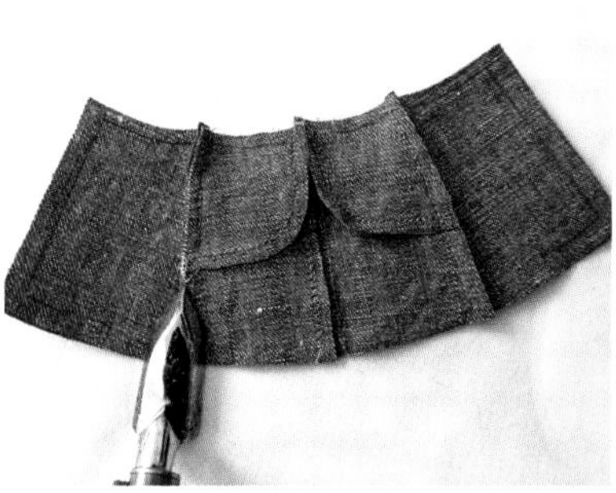

12. 將縫好的側縫縫份朝後片中心線方向摺疊並燙平。

13. 在側縫加入 2 條縫合線。

14. 將下襬跟後片中心線的縫份往內摺並燙平。

15. 在後片中心線加入 1 條縫合線，下襬加入 2 條縫合線。

16. 燙整加入縫合線的部位。

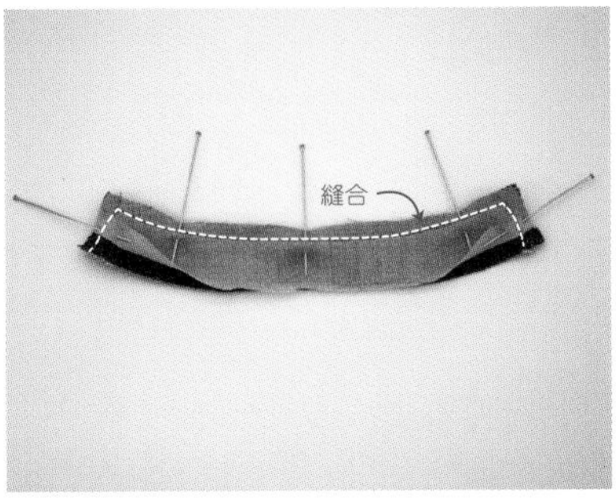

17. 將腰帶表布和裡布的正面對正面貼合並縫合，再把裡布下邊縫份如照片所示摺起縫合。

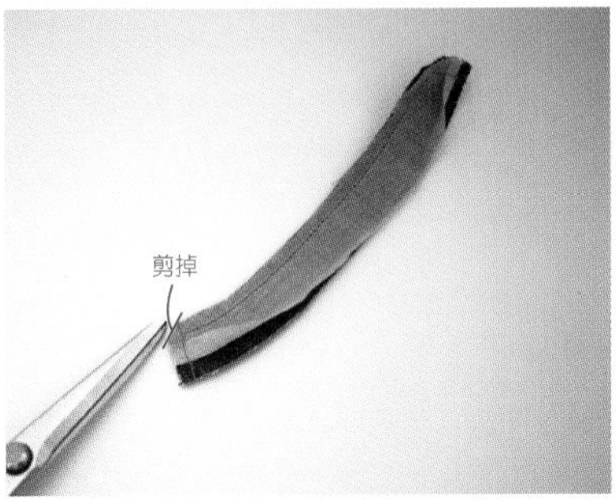

18. 修剪稜角及剪開曲線區域。

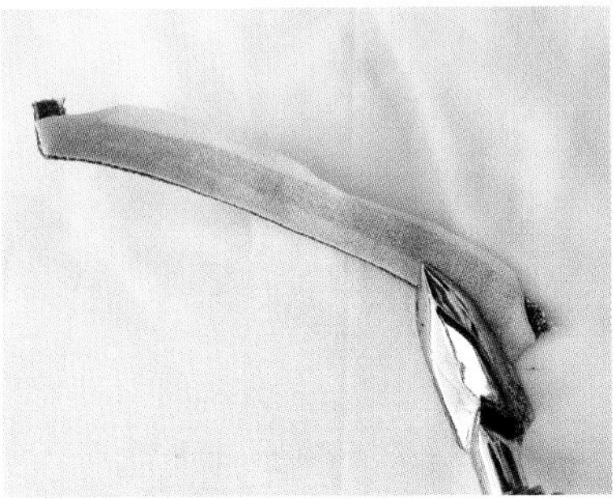

19. 將縫好的腰帶翻面並燙平。

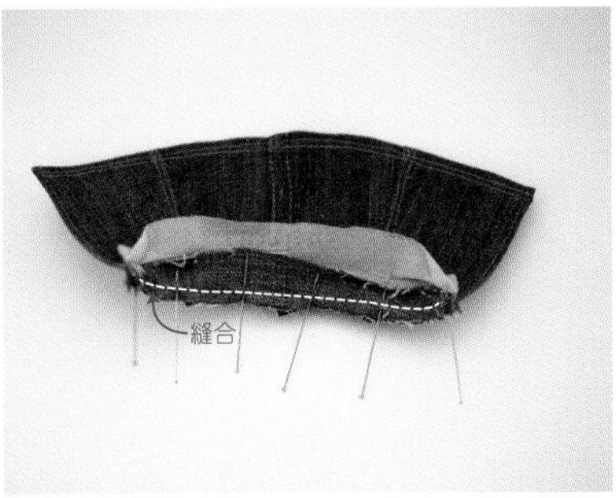

20. 將裙子表布和腰帶表布正面對正面貼合並縫合。

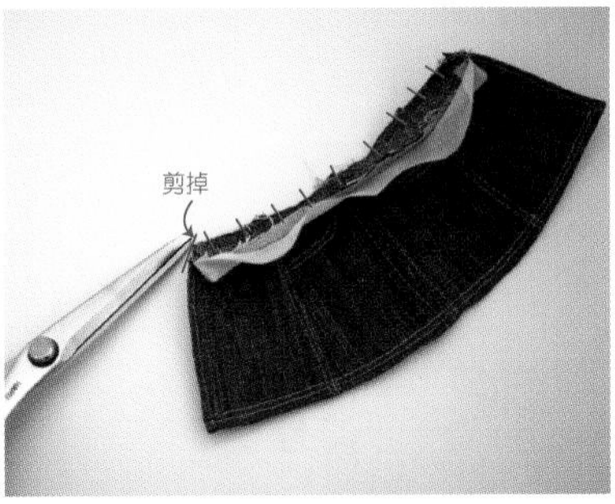

21. 修剪稜角及剪開腰帶縫份。

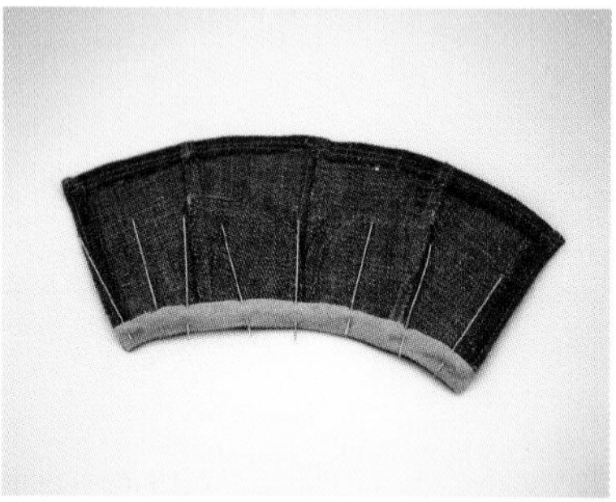

22. 將腰帶裡布縫份摺成如照片所示，固定後用捲針縫縫合。

23. 沿著腰帶四周加入縫合線。

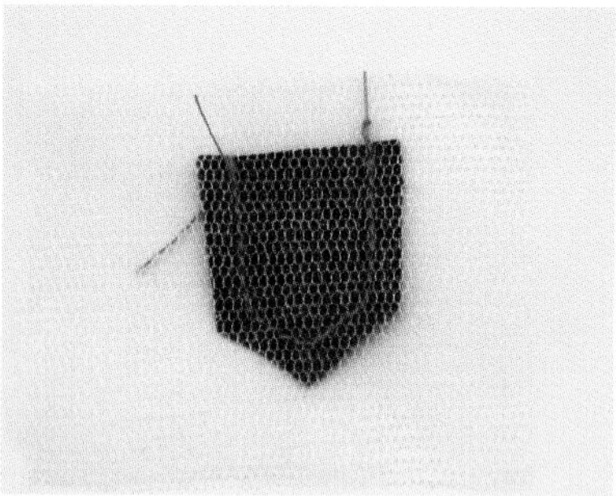

24. 在口袋正面蓋上網紗並縫合。

25. 將縫份修窄。

26. 將口袋翻面並燙平。把熨斗溫度降低，才不會把網紗燙到融化。

27. 將口袋上邊往下摺並縫合，如照片所示加入縫合線。

28. 將口袋縫在紙型標示的位置。

29. 用砂紙磨出丹寧短裙的復古感。

30. 另一邊也用相同的方法磨出復古感。

31. 用燙鑽或鈕釦裝飾。

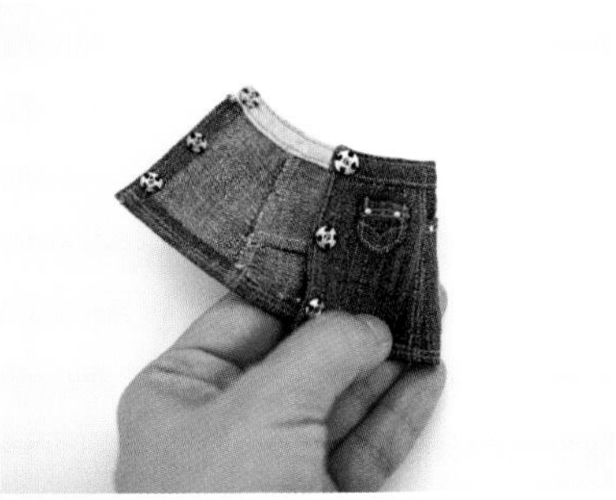

32. 在後門襟縫上暗釦作為結尾。

33. 完成！

麂皮連身洋裝

雖然是平凡的設計，但是用不同的材質給予不同變化的麂皮連身洋裝。
皮質肩帶及口袋，越往下越往外展開的可愛裙襬，
如果和罩衫、T 恤一起搭配，就能感覺到如少女般的朝氣蓬勃。

Ready to do

／**L** 尺寸

40 支麂皮：橫長 27cm×縱長 12cm
網紗布料：橫長 6 cm×縱長 3 cm
皮質肩帶：5.5cm 2 條（寬 5 mm）
4mm 鈕釦： 2 顆
鉤釦：1 對

／**S** 尺寸

40 支麂皮：橫長 25cm×縱長 10cm
網紗布料：橫長 6 cm×縱長 3 cm
皮質肩帶：3.8cm 2 條（寬 3 mm）
3mm 鈕釦： 2 顆
鉤釦：1 對

1. 將紙型放在麂皮布料上描繪並裁剪。因為麂皮布料不會脫線散開，所以不需要另外塗上防綻液或做毛邊處理。

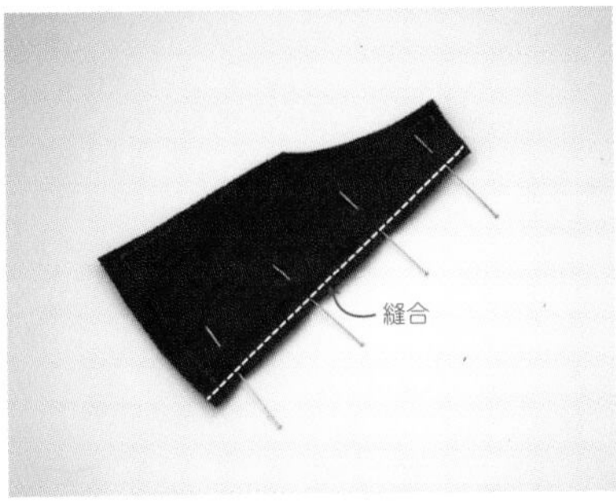

2. 將前片的正面對正面貼合並縫合。

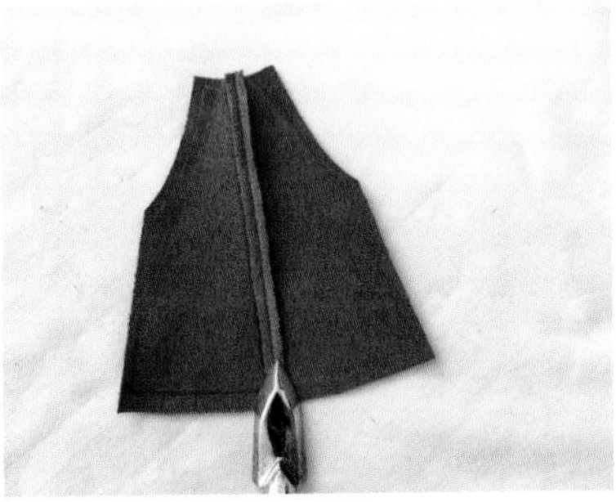

3. 將縫好的前片縫份往兩邊分開並燙平。

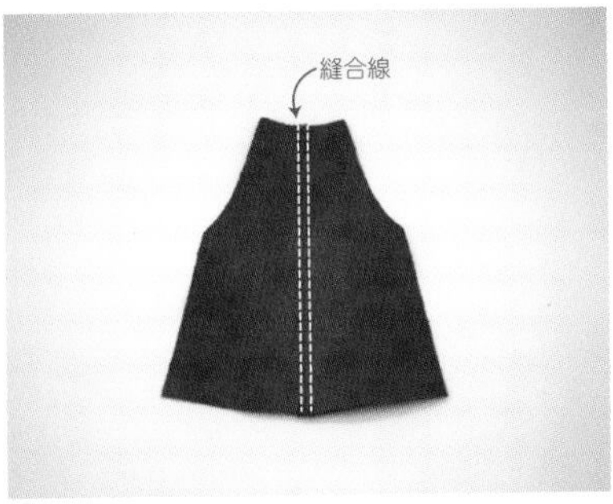

4. 讓熨燙好的前片縫線位於中間，在它的兩邊加入縫合線。

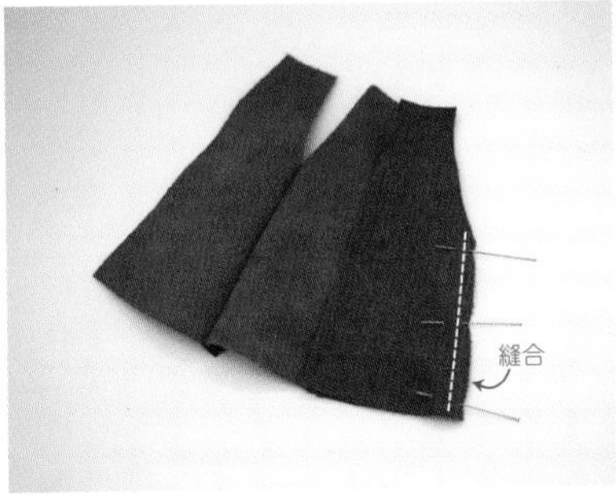

5. 將前片和後片的正面對正面貼合並縫合側縫。

6. 跟前片一樣，也將側縫縫份往兩邊分開並燙平。

7. 讓縫好的側縫位於中間，在它的兩邊加入縫合線。

8. 將下襬縫份摺好並燙平。

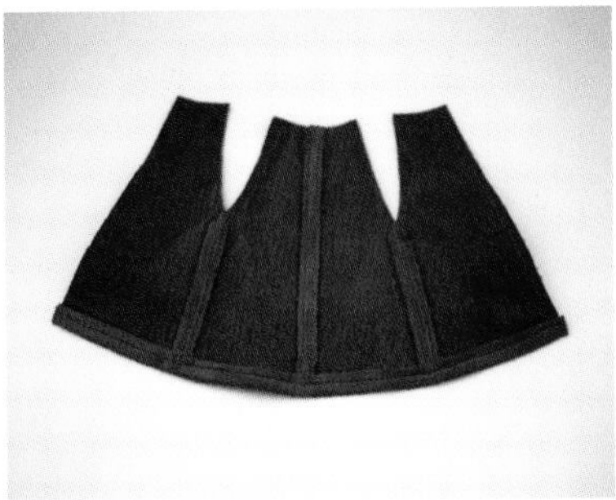

9. 將熨燙完的下襬縫合。

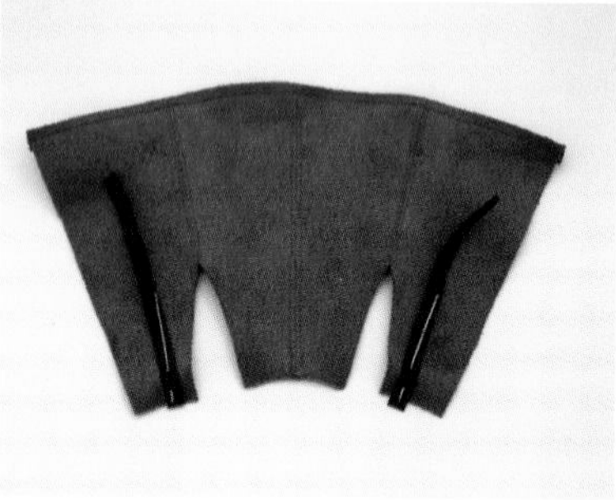

10. 如照片所示，用珠針將肩帶固定好。

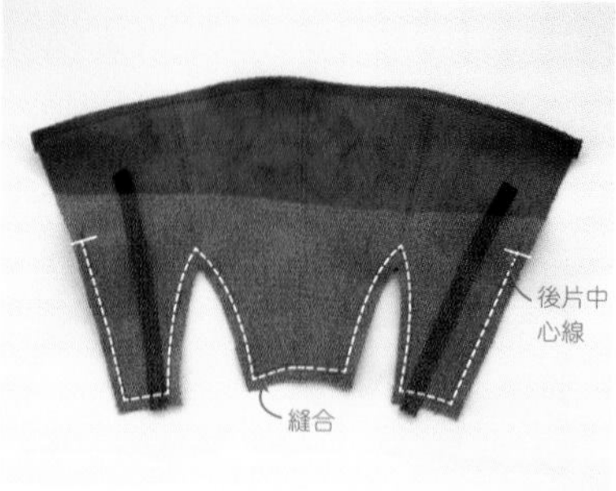

11. 覆蓋一層網紗在前片正面上，再從後片中心線開始，一直順著袖襱、頸圍縫下去。

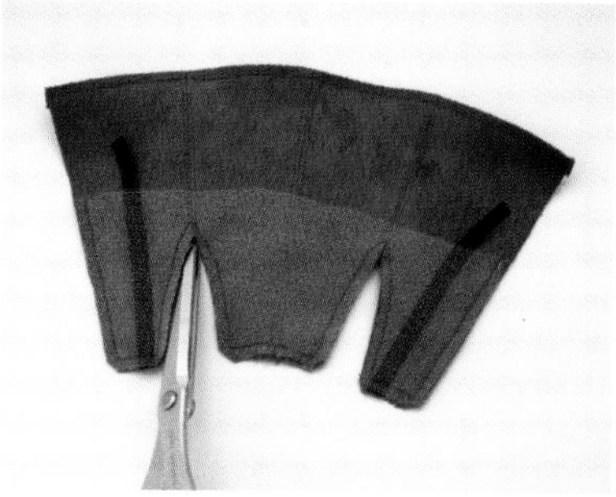

12. 側縫上面的袖襱縫份要剪開。

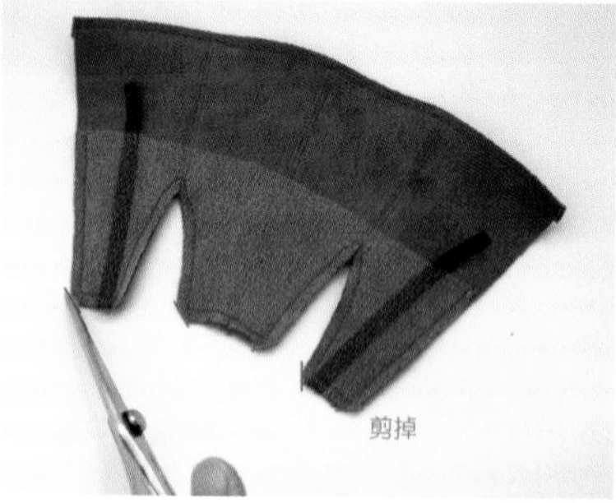

13. 為了避免縫份擠成一團，請將縫份稜角以斜線的方式剪掉。

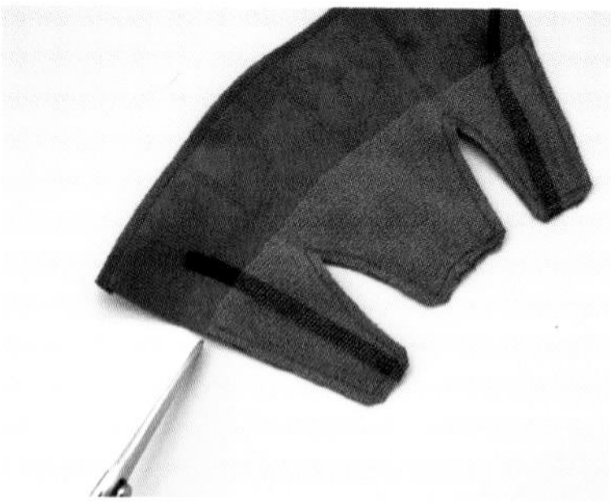

14. 在後片中心線開衩位置的縫份上剪一刀。

15. 將網紗翻到背面。

16. 一邊用熨斗熨燙，一邊調整形狀。

17. 從後片中心線開始，沿著袖襱、頸圍加入縫合線。

18. 將口袋上方縫份往下摺並縫合。

19. 覆蓋一層網紗在口袋正面上，如照片所示進行縫合。

20. 將縫份剪到只留下一點點。

21. 將網紗翻面後調整形狀。

22. 將口袋固定在洋裝前片紙型標示的位置。

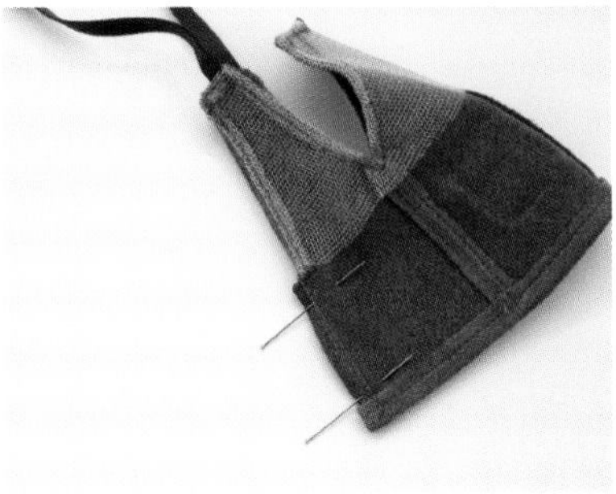

23. 縫合後片中心線。

24. 如照片所示，將肩帶前端剪成 V 字形。

25. 縫上鈕扣並固定在前片上。

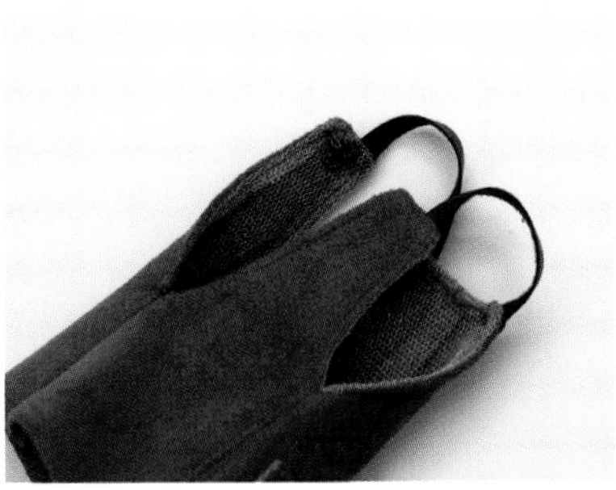

26. 用鉤釦做為門襟。

27. 完成！

秋季連身洋裝

秋季連身洋裝是以小巧可愛的圓領、腰帶、
袖子和裙襬上適量的蕾絲作為重點的基本款連身洋裝。

Ready to do

L 尺寸

60 支英國 Liberty 印花布：橫長 43cm×縱長 20cm
60 支麻紗布料：橫長 12cm×縱長 18cm
袖子蕾絲：寬 2 cm 長 10cm， 2 條
下襬蕾絲：寬 1.5cm 長 40cm
腰帶：寬 3 mm 長 13cm
6mm 皮帶扣環：1 個
暗釦：2 對

S 尺寸

60 支英國 Liberty 印花布：橫長 37cm×縱長 17cm
60 支麻紗布料：橫長 12cm×縱長 14cm
袖子蕾絲：寬 1.5cm 長 8 cm， 2 條
下襬蕾絲：寬 1.5cm 長 37cm
腰帶：寬 3 mm 長 12cm
6mm 皮帶扣環：1 個
暗釦：2 對

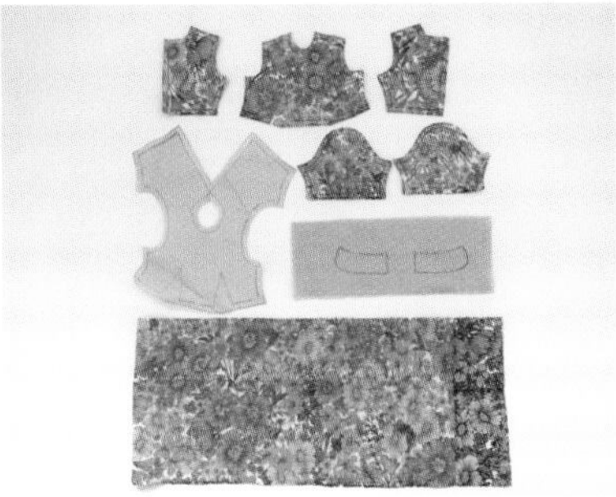

1. 將紙型放在布料上並裁剪，除了領子以外，在其他的布料邊緣皆塗上防綻液。

2. 將剪好的上半身布料從尖褶的位置對半摺並且縫合。請從腰圍開始縫合。最後的結尾不要用回針縫收尾，讓線往外多留一點長度。

3. 將縫好的尖褶往前片中心摺好並燙平。

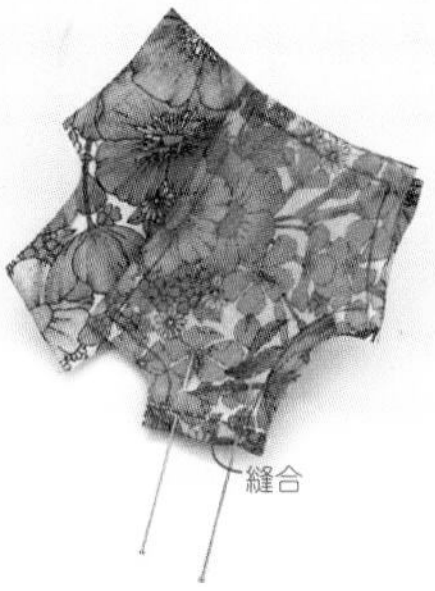

4. 將前片和後片的正面對正面貼合並縫合肩線。

5. 將縫好的肩線縫份往兩邊分開並燙平。

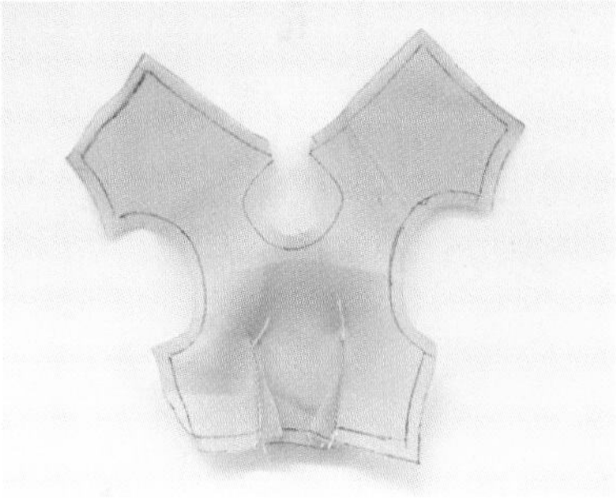

6. 用相同的方法完成裡布的尖褶。

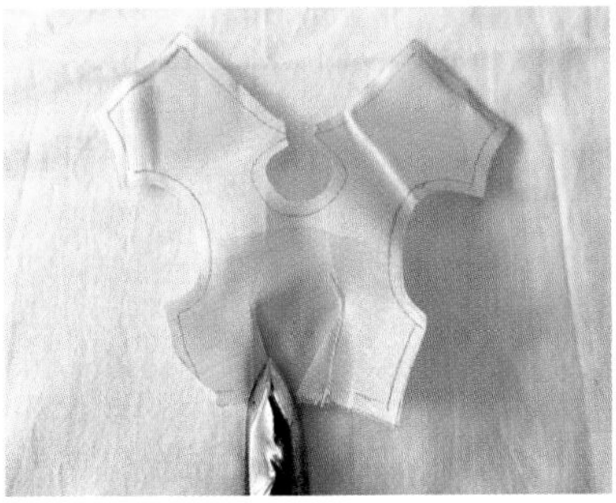

7. 將縫好的尖褶往前片中心摺好並燙平。

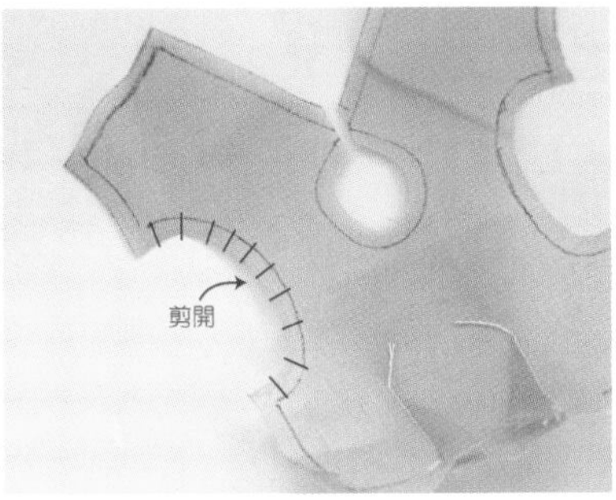

8. 剪開袖襱曲線區域的縫份。

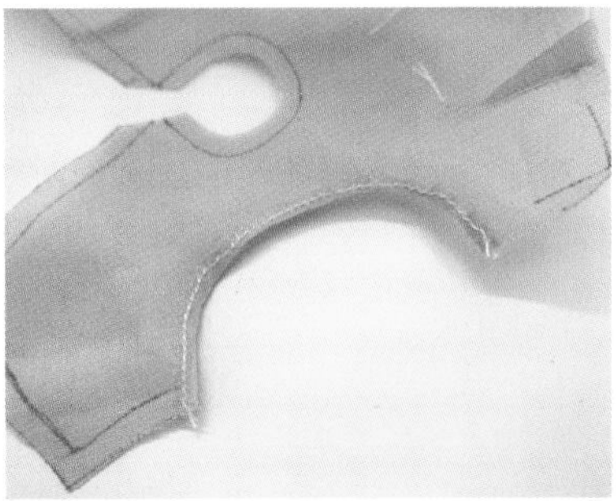

9. 將剪開的縫份摺好並縫合。

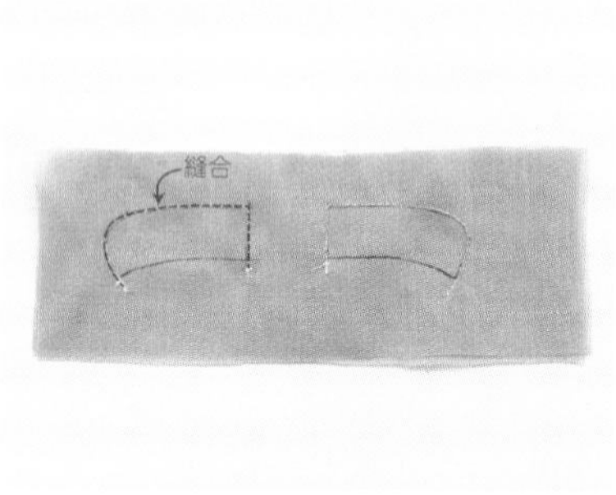

10. 將紙型放在要製作成領子的布料上並描繪，接著放在裡布上面，沿著領子布料上的線條縫合。

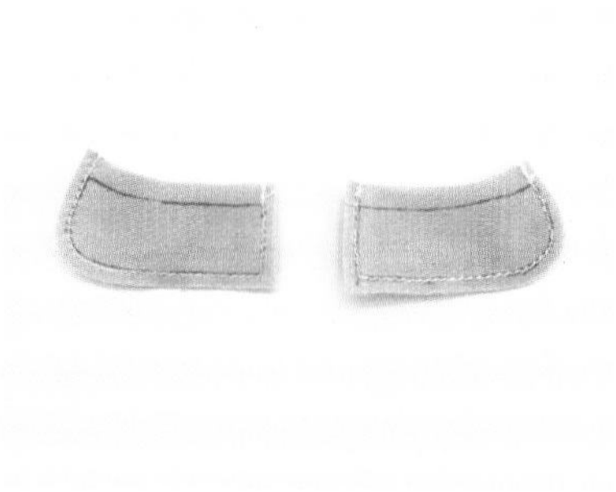

11. 只留下縫份，其餘的布料都剪掉。

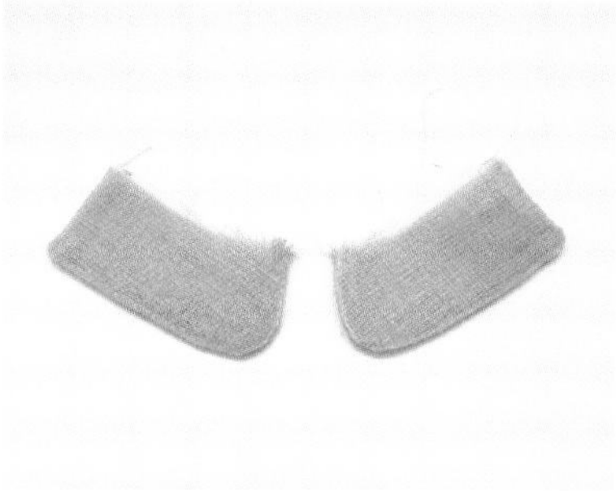

12. 將領子翻面，一邊熨燙，一邊調整形狀。

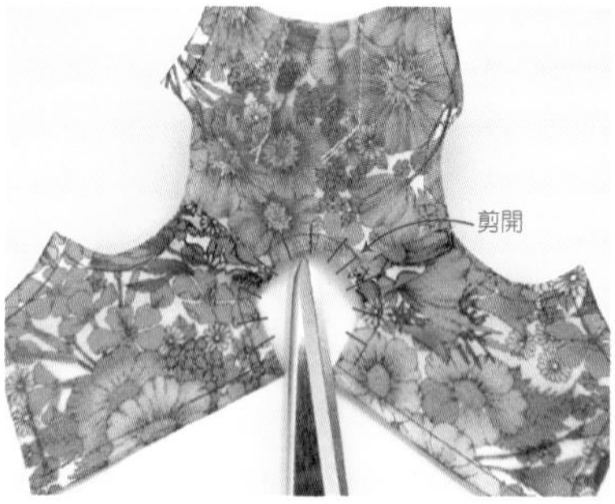

13. 剪開正面頸圍縫份。

14. 用平針縫固定領子，須對齊中心線再固定。

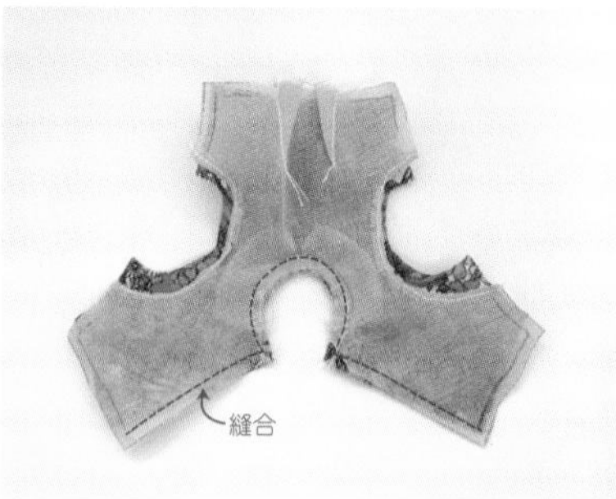

15. 將表布和裡布的正面對正面貼合並縫合後片中心線及頸圍。

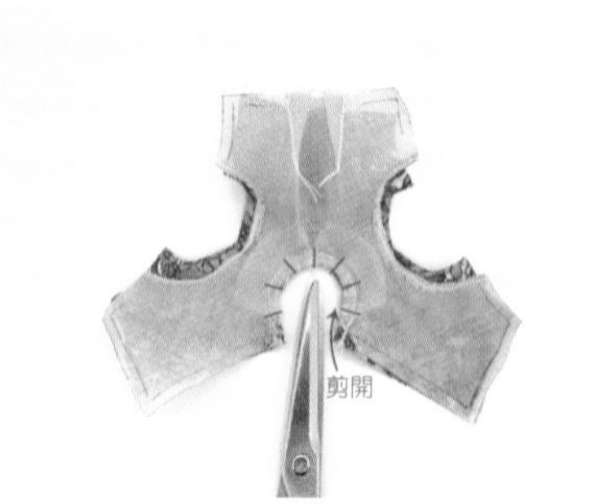

16. 剪開頸圍縫份。縫份必須剪開才能順利地摺疊。

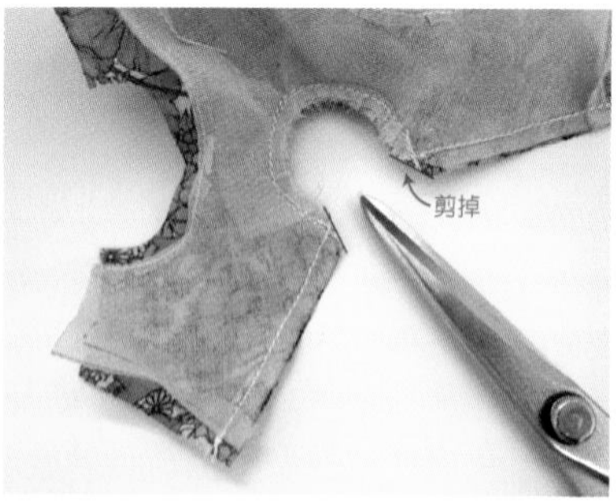

17. 為了避免縫份擠成一團，須將後片中心線的縫份稜角以斜線剪掉。

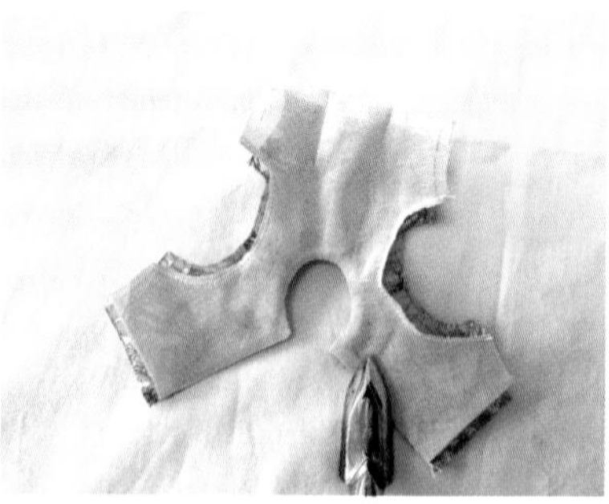

18. 將縫好的上半身翻面，接著一邊熨燙，一邊調整形狀。

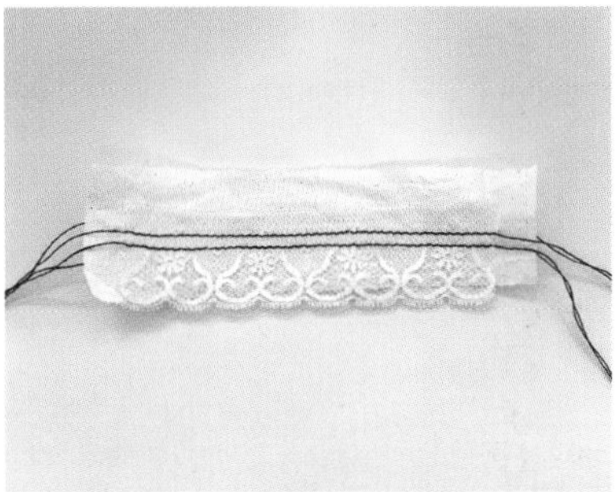

19. 準備好寬 2 cm、長 9 cm 要縫在袖子上的 2 條蕾絲，後面墊著宣紙，縫上 2 條平針縫線。像蕾絲這種薄薄的材質，如果墊著宣紙再車縫，就不會被捲到縫紉機裡面。

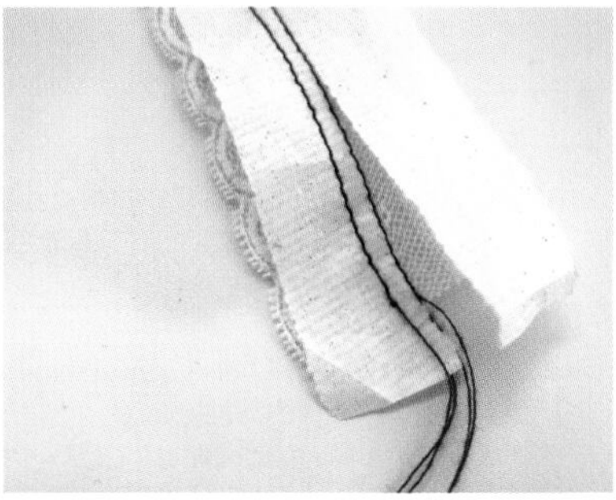

20. 將宣紙去除。

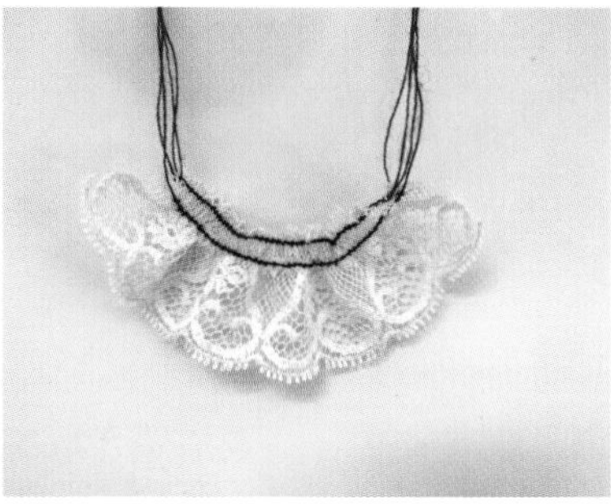

21. 拉緊上、下 2 條縫線做出縮褶。

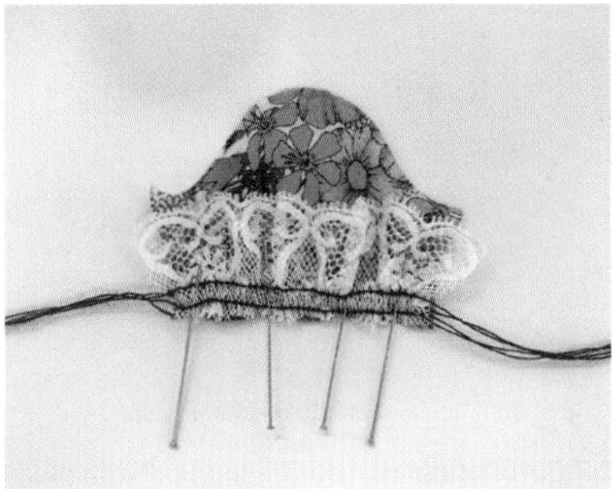

22. 將蕾絲固定並縫合在袖口。

23. 將縫份往上摺並加入縫合線。

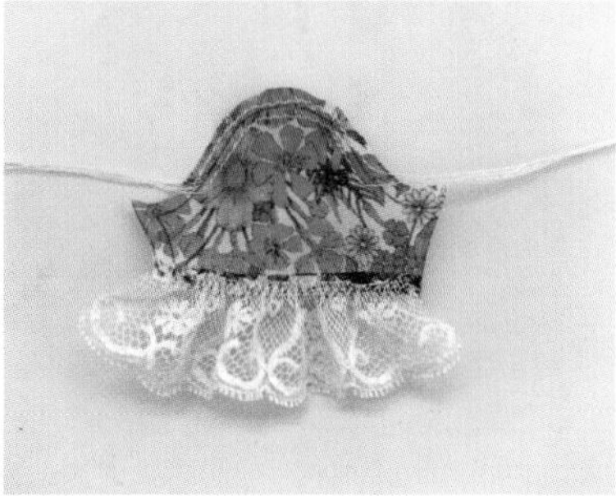

24. 在袖山上縫 2 條平針縫線。

25. 拉緊袖山上、下 2 條縫線做出縮褶。

26. 沿著袖襱縫合。

27. 將袖襱縫份朝上衣方向摺疊並加入縫合線。

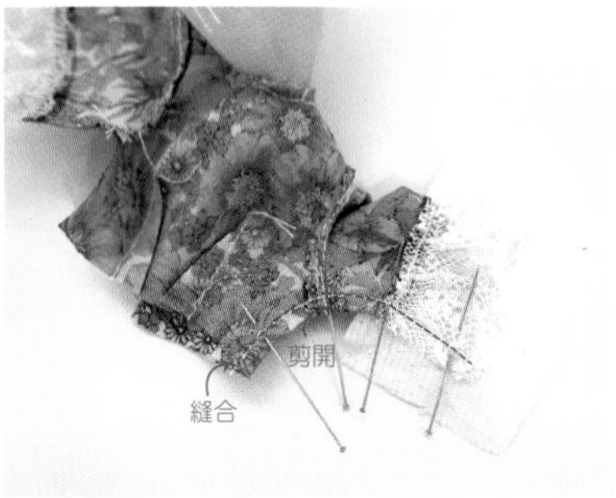

28. 以肩線為中心對半摺並縫合側縫。當使用縫紉機時，袖口的蕾絲底下要墊著宣紙，再進行車縫。

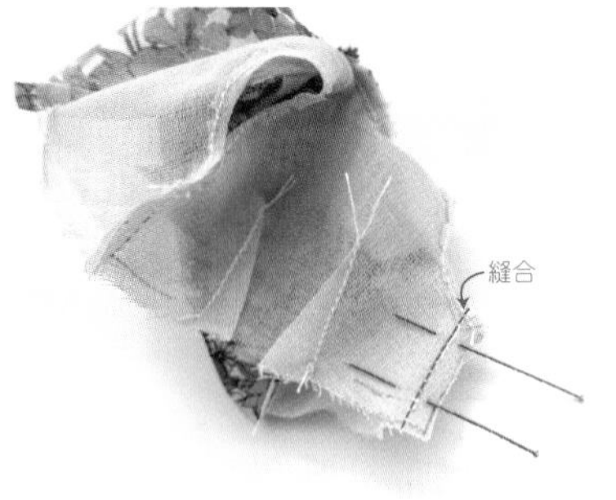

29. 縫合裡布側縫。

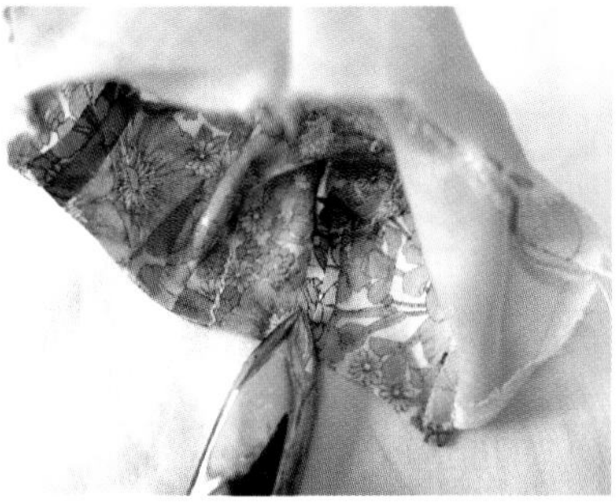

30. 將縫好的側縫縫份往兩邊分開並燙平。

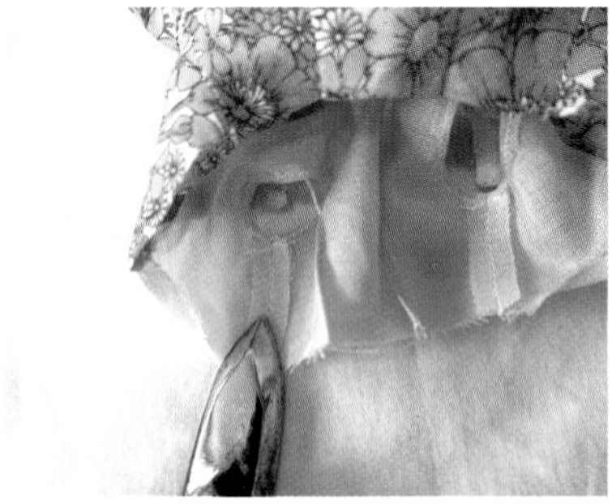

31. 將裡布的側縫縫份也往兩邊分開並燙平。

32. 在裙子腰圍的位置縫上 2 條平針縫線。

33. 將下襬縫份往內摺並縫合。

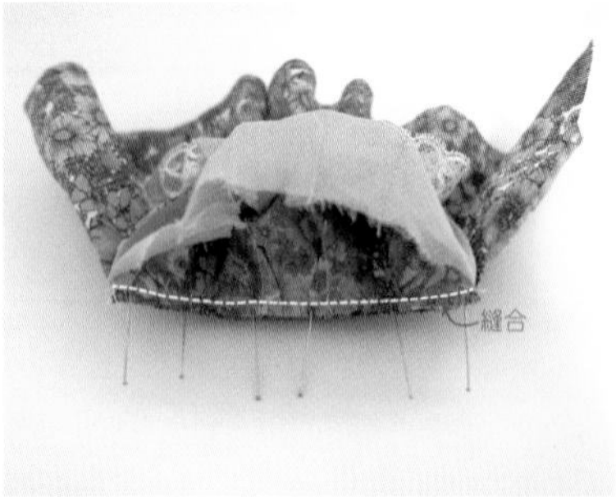

34. 拉緊裙子上縫好的上、下 2 條縫線做出縮褶，和上半身的正面對正面貼合並縫合。

35. 下襬縫上蕾絲。

36. 將裡布腰圍縫份往內摺，接著和裙子腰圍一起縫捲針縫。

37. 用熨斗壓出裙子的皺褶。

38. 只縫合後片中心線上有標示的區域。

39. 將縫好的後片中心線縫份往兩邊分開並燙平。

40. 縫上暗釦作成門襟。

41. 最後再用腰帶裝飾，完成！

日常韓服洋裝

輕便的日常韓服洋裝。使用英國 Liberty 印花布，讓洋裝看起來比韓服還要更輕巧。
使用不同材質、不同型態的布料，可以展示出各式各樣的風情。

Ready to do

／**S**尺寸

60 支英國 Liberty 印花布：橫長 33cm×縱長 20cm

米珠：2 顆

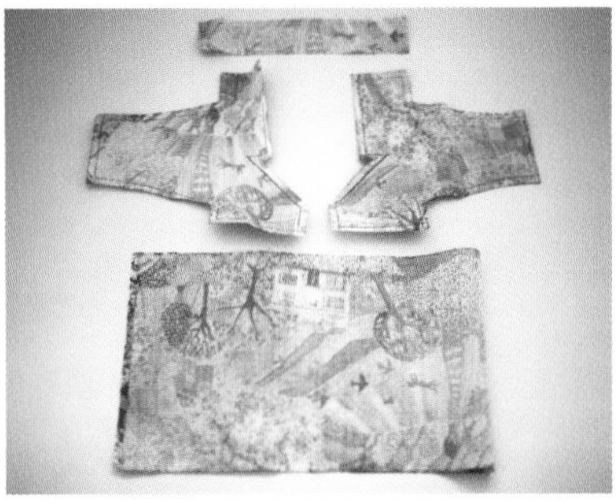

1. 將紙型放在布料上並裁剪，接著在布料邊緣塗上防綻液。

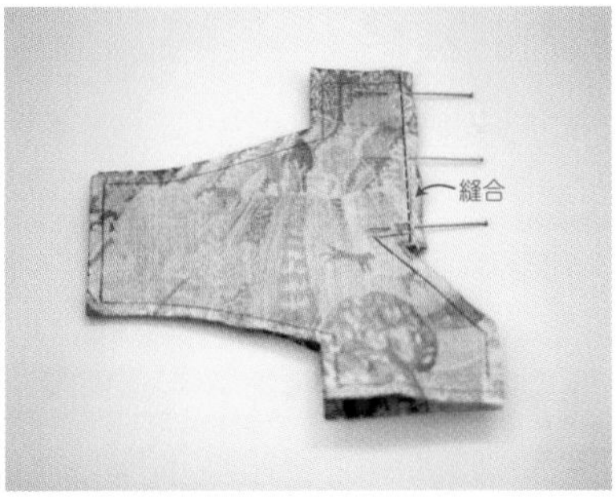

2. 將上半身的正面對正面貼合並縫合後片中心線。

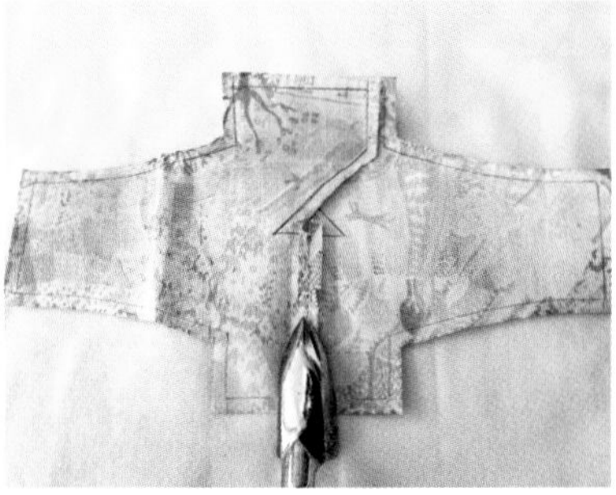

3. 將縫好的後片中心線縫份分開並燙平。

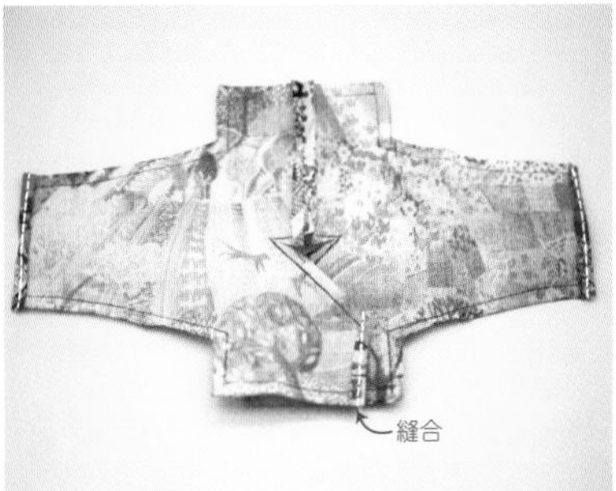

4. 袖口、前開襟兩個邊的縫份都往內摺並縫合。

5. 將領子對半摺並燙平。

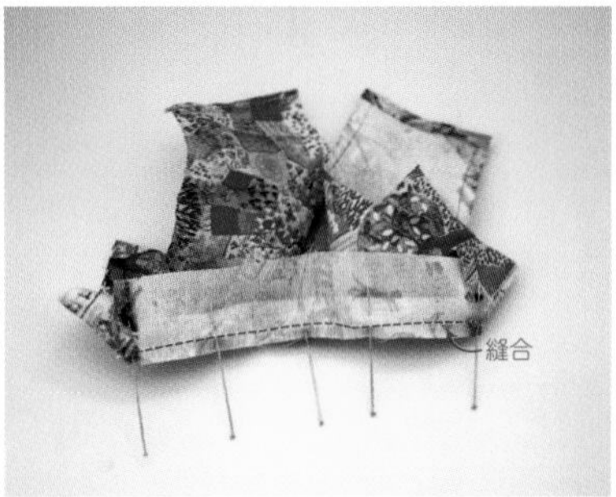

6. 將領子兩端縫份往內摺，再將領子及上半身頸圍的正面對正面貼合並縫合。

7. 將上半身跟領子縫合處的縫份朝領子方向摺並燙平。

8. 沿著步驟 5 中燙出來的摺線將領子對摺，然後將縫份再往內摺一次，並用捲針縫縫合。

9. 縫完捲針縫之後再熨燙一次作為收尾並調整形狀。

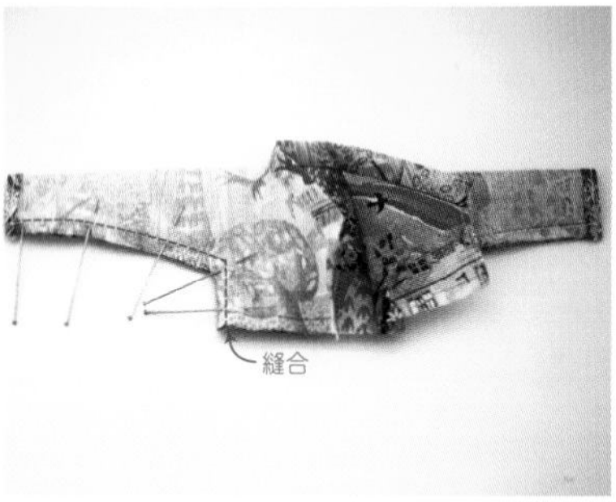

10. 以肩線為基準對半摺並縫合袖子和側縫。

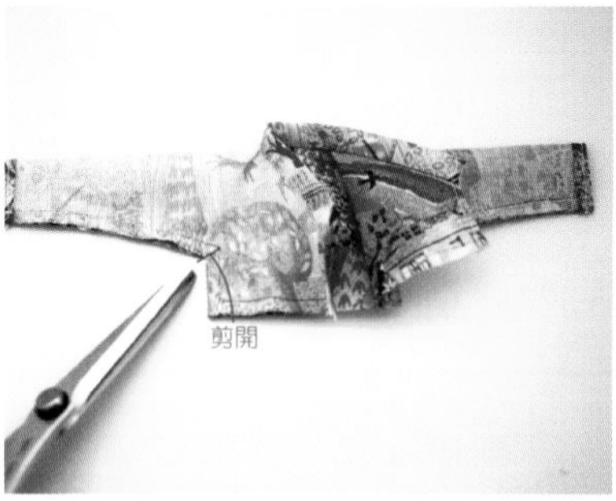

11. 須剪開袖子和側縫的交會處。

12. 將縫好的上半身翻面。

13. 將側縫縫份分開並燙平。

14. 完成的上半身。

15. 將裙子的兩邊側縫縫份及下襬縫份往內摺並縫合。

16. 腰圍的位置縫上 2 條平針縫線。

17. 拉緊平針縫的上、下 2 條縫線做出縮褶。

18. 將做出縮褶的裙子和上半身的腰圍貼合並縫合。

19. 將縫合裙子跟上半身的縫份朝上半身方向褶好並沿著上半身這端的縫線加入縫合線。

20. 用熨斗壓出裙子上的皺褶。

21. 如照片所示，將米珠縫在標示的位置。

22. 另一邊則縫上線圈。

23. 完成！

韓服裙

可作為單品或跟其他連身洋裝、緊身褲等一起搭配也很美麗的韓服裙。
圍繞在腰間的蝴蝶結及纖細的皺褶將會影響裙子的品質。

Ready to do

／S 尺寸

60 支麻紗布料：橫長 36cmx 縱長 15cm

1. 將紙型放在布料上並裁剪，接著在布料邊緣塗上防綻液。

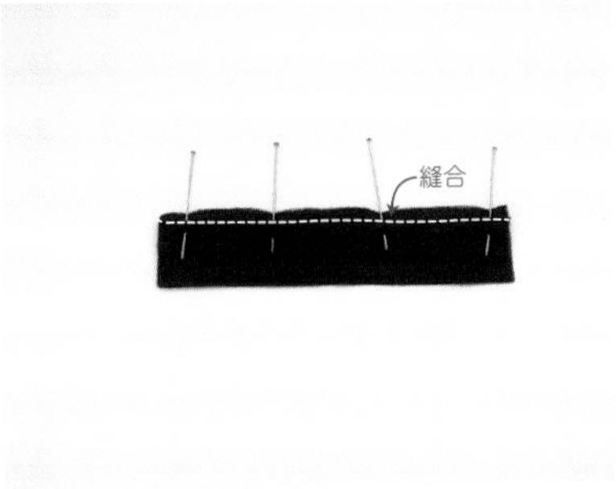

2. 首先製作腰帶，將腰帶的布料正面對正面貼合並縫合。

3. 將縫份往裡布方向摺疊並燙平。

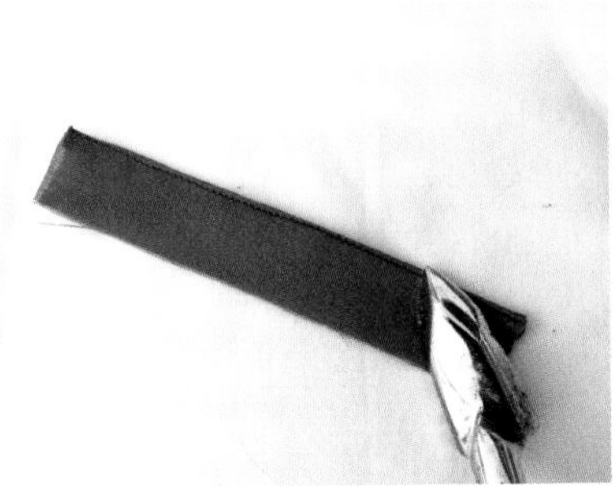

4. 對半摺後再熨燙一次。

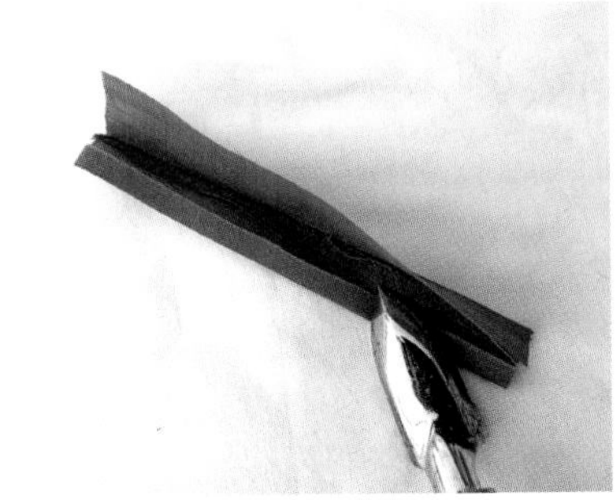

5. 將裡布那端的縫份摺好並燙平。

6. 接下來要製作腰間綁帶。將剪成 1.5cm 寬的斜紋布對半褶成 7 ~ 8 mm 寬並縫合。做出長度充足的綁帶。

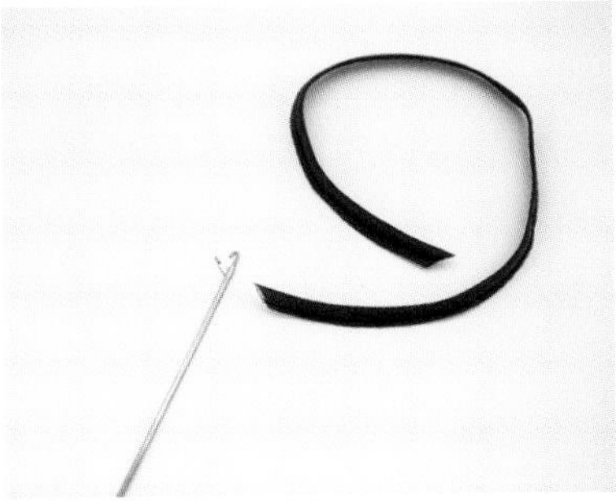

7. 準備反裡鉗。

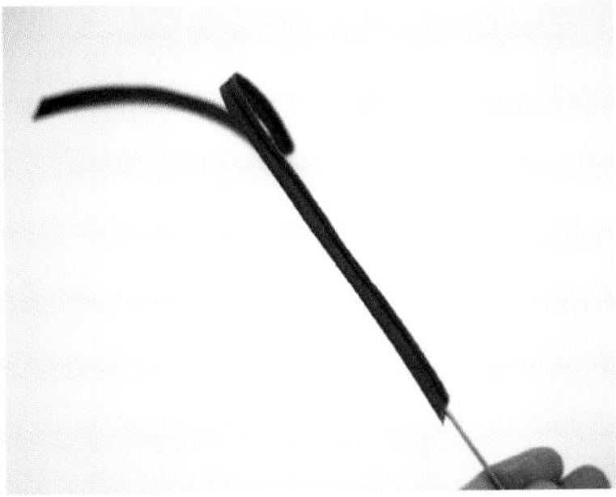

8. 將反裡鉗穿進縫好的綁帶裡面。

9. 將反裡鉗穿到底，把綁帶頂端剪成斜的，這樣才會比較容易翻面。

10. 將鉤子鉤住布料尾端。

11. 輕輕地拉動布料，將布料翻過面來。

12. 用反裡鉗翻完面的完成圖。

13. 抓著翻好面的布料進行熨燙。

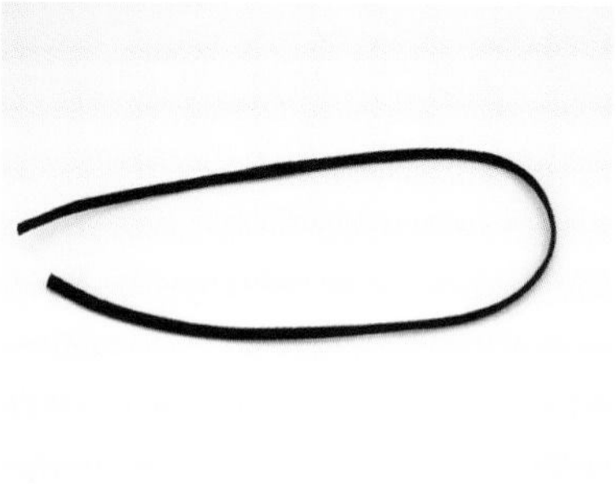

14. 熨燙並調整好形狀的綁帶。

15. 如照片所示，將腰間綁帶固定在腰帶裡布的正面。左邊綁帶要固定在裡布上方邊緣，右邊綁帶要固定在裡布縫份摺痕的正上方。

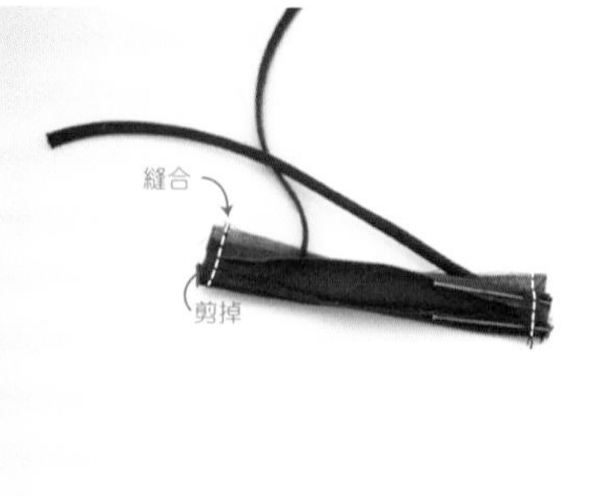

16. 將腰帶對半褶，兩邊留下縫份寬度並縫合。縫合後要將縫份稜角以斜線的方式剪掉，翻面時縫份才不會擠成一團。

17. 將縫好的腰帶翻面。

18. 將裙子的兩邊縫份及下襬縫份往內摺並縫合。

19. 腰圍的位置縫上 2 條平針縫線。

20. 拉緊平針縫的上、下 2 條縫線做出縮褶。

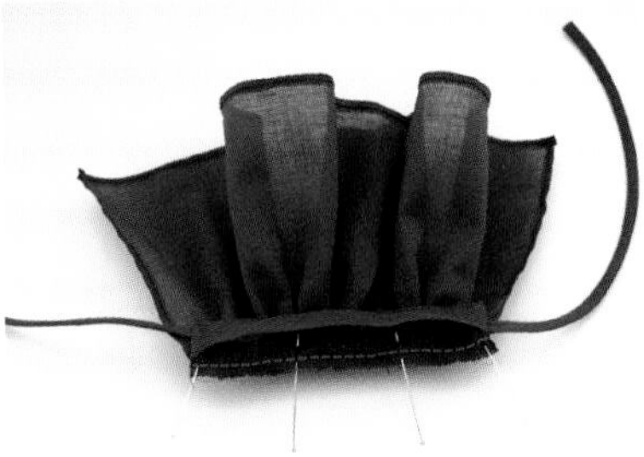

21. 將裙子和腰帶的正面對正面貼合並縫合。

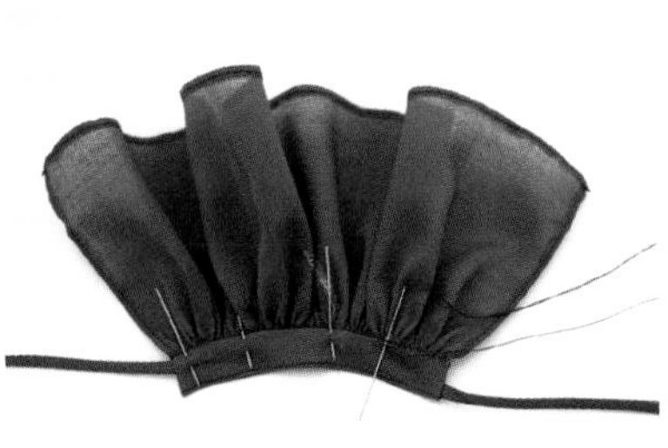

22. 將腰帶裡布的縫份摺好並用捲針縫收尾。

23. 將腰間綁帶長度剪成左邊 11cm、右邊 10cm。

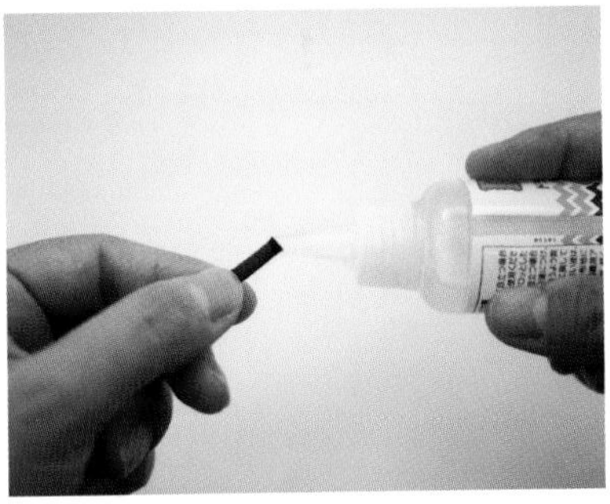

24. 綁帶頂端塗上防綻液。

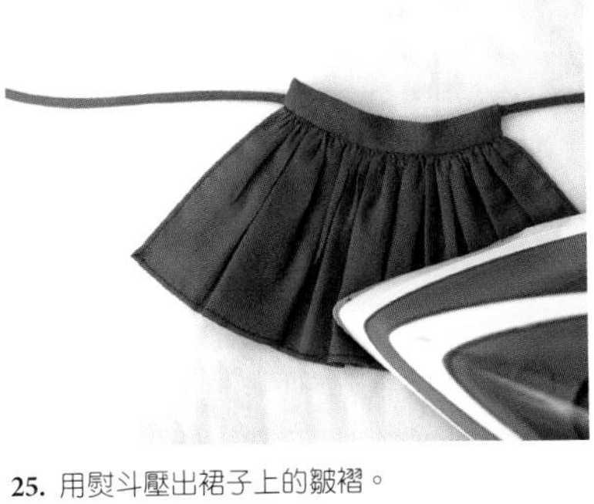

25. 用熨斗壓出裙子上的皺褶。

26. 完成！

27. 穿著韓服洋裝的完成圖。

燈芯絨外套

＊

也想做一件給小朋友穿的設計感燈芯絨外套！由於袖子為八分袖，實在是太可愛了！
可以當作迷你連身洋裝來穿，搭配褲子也很不錯！

Ready to do

／L尺寸

40 支燈芯絨布料：橫長 28cmx 縱長 22cm

60 支麻紗布料：橫長 24cmx 縱長 21cm

鉤釦：1 對

絲帶蝴蝶結

1. 將紙型放在布料上並裁剪。

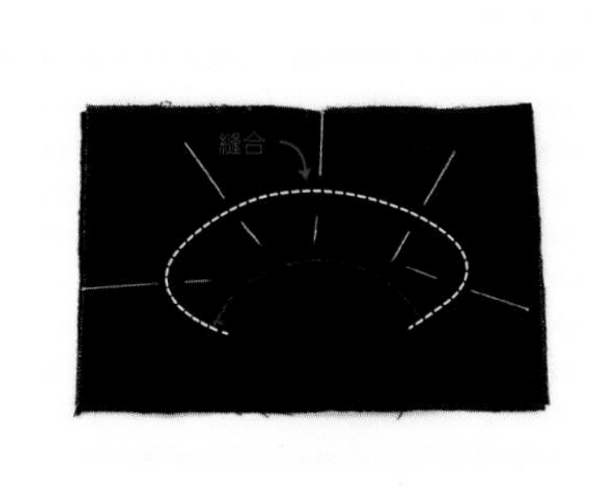

2. 將 2 張領子布料正面對正面貼合並縫合領子的下緣線。

3. 縫好後留下縫份，其餘的部分都剪掉。領子縫份稍微剪得窄一點。

4. 將縫好的領子翻面並燙平。

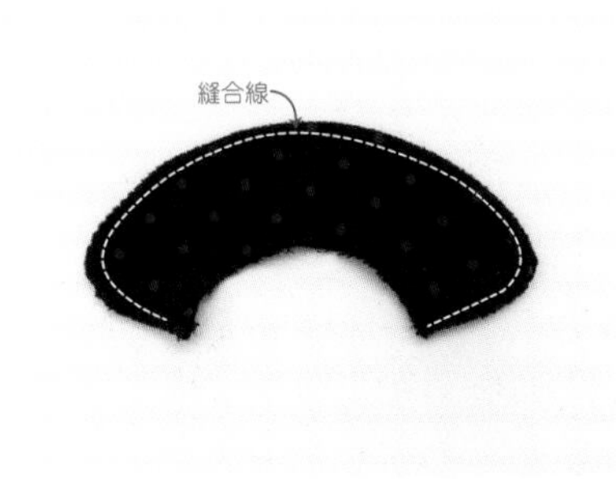

5. 沿著領子下緣線加入間距相同的縫合線。

6. 將外套前片和袖子前片的正面對正面貼合並縫合袖襱。

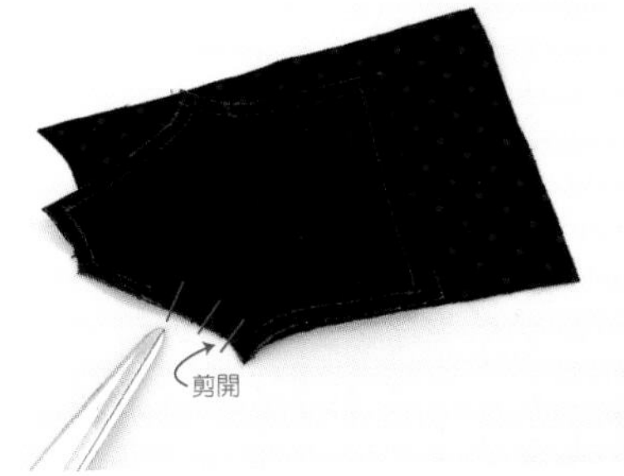

7. 剪開縫合處的袖襱縫份。

8. 將縫份分成兩半並燙平。

9. 重複上述的步驟，將前片、後片和袖子都縫在一起。

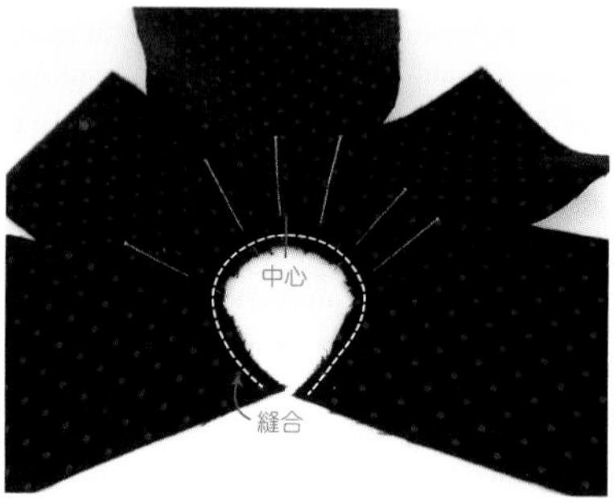

10. 對齊後片中心線和領子中心線並將領子固定上去。

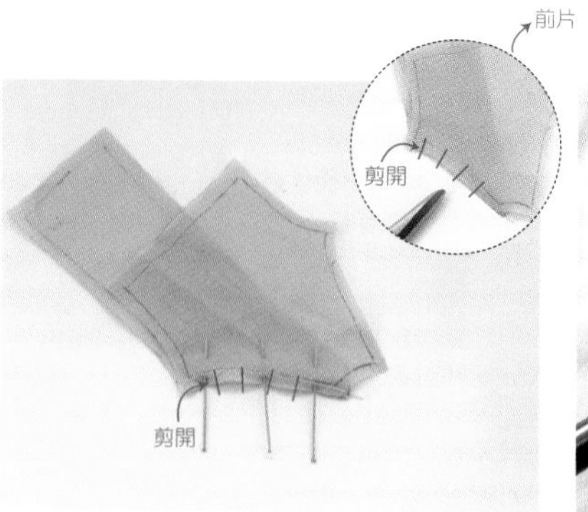

11. 對齊裡布前片和袖子前片的袖襱邊緣並縫合。請剪開袖襱的縫份。

12. 將縫份分開並燙平。

13. 跟表布一樣，將前片、袖子和後片都縫在一起。

14. 將裡布和表布的正面對正面貼合並縫合袖口。

15. 將縫好的袖口縫份朝裡布方向摺好並縫合在裡布上。

16. 將裡布和表布的前門襟正面對正面貼合並縫合。

17. 將縫好的前門襟縫份朝裡布那側摺好並縫合在裡布上。

18. 裡布縫合後的完成圖。

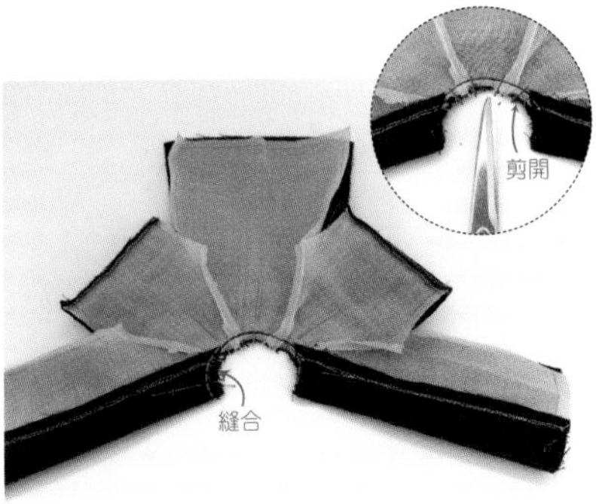

19. 將裡布和表布的正面對正面貼合並縫合頸圍。再沿著頸圍剪開縫份。

20. 表布和裡布各自固定好之後，分別縫合側縫跟袖子的部分。

21. 裡布縫好的完成圖。

22. 將縫好的側縫縫份分開並燙平。也將裡布的側縫縫份分開並燙平。

23. 側縫燙平後翻面。

24. 熨燙前門襟的部分。

25. 袖子的部分也需燙整。要將袖子表布往內摺 1 cm。

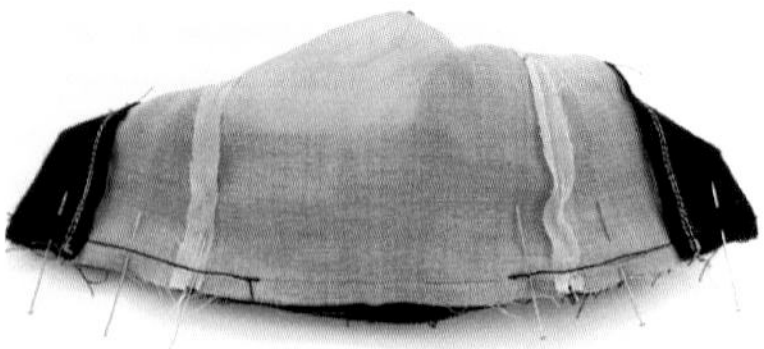

26. 將外套下襬翻面並留下開口後進行縫合。

27. 縫份稜角以斜線的方式剪掉，以免擠成一團。

28. 從開口處將外套翻面。

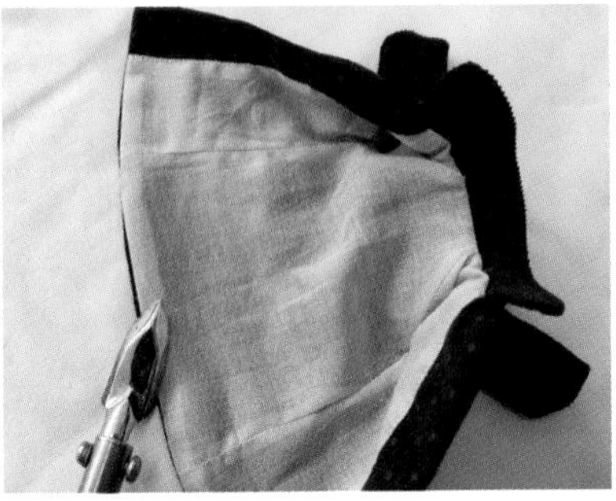

29. 將開口縫份摺好並燙平。

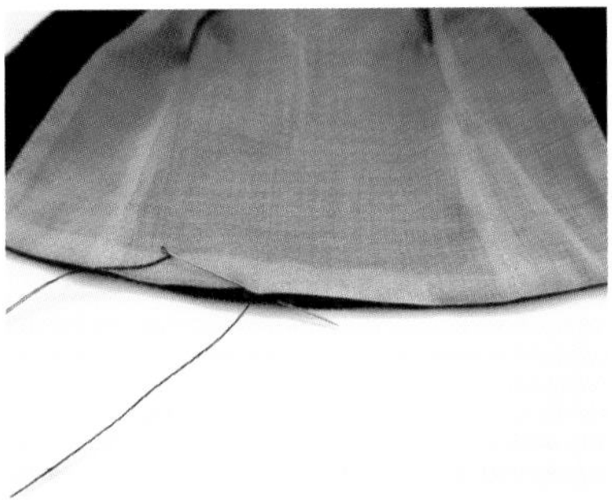

30. 用捲針縫縫合開口。

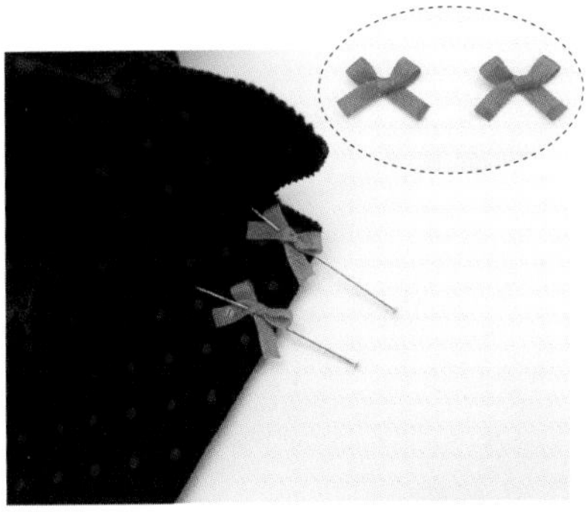

31. 用絲帶做出 2 個蝴蝶結。在尾端塗上防綻液固定好，避免尾端脫線散開。將蝴蝶結固定在前門襟上，也可以用鈕釦代替蝴蝶結。

32. 在外套左邊縫上鉤釦，右邊用線縫成線圈，將門襟進行收尾。

33. 完成！

粉紅連身褲

試著用既高級又可愛的粉紅絲質布料做出連身褲吧！
馬上要去派對或夜店也毫不遜色的超有型設計！
像煙管褲一樣逐漸變窄的褲管，腰部的蝴蝶結更增添可愛的感覺。

Ready to do

／L尺寸

霧面緞布：橫長 23cm×縱長 19cm

60 支麻紗布料：橫長 13cm×縱長 5 cm

暗釦：2 對

1. 將紙型放在布料上並裁剪，接著在布料邊緣塗上防綻液。

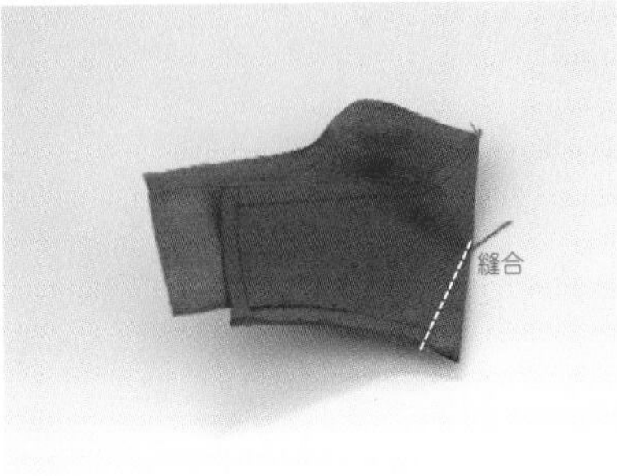

2. 縫出上半身的尖褶，要從腰圍開始進行縫合。最後的地方不要用回針縫收尾，讓線往外多留一點長度。

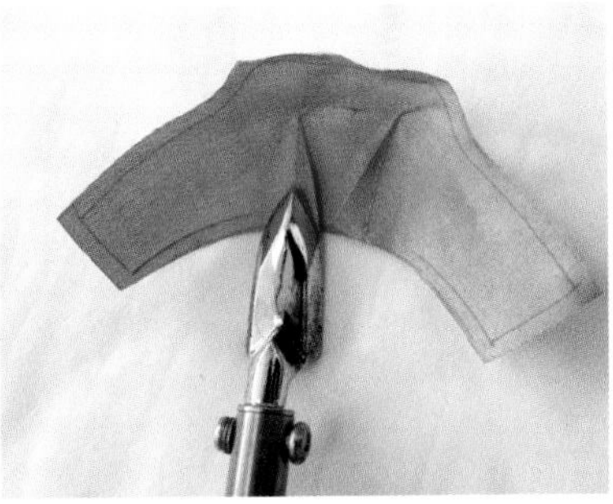

3. 兩邊尖褶都縫好後朝前片中心線那側摺疊並燙平。

4. 裡布也用跟表布相同的方法縫合並燙平。

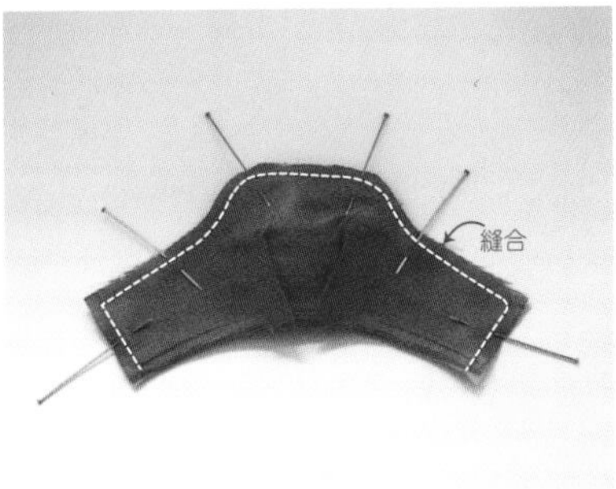

5. 將表布和裡布的正面對正面貼合並縫合後片中心線、頸圍。

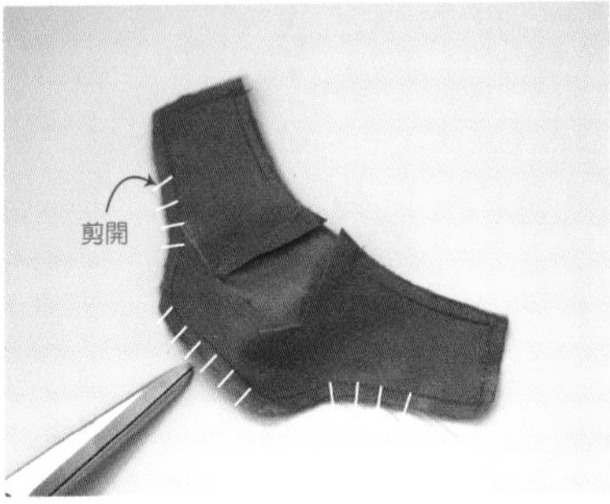

6. 將頸圍縫份剪開。

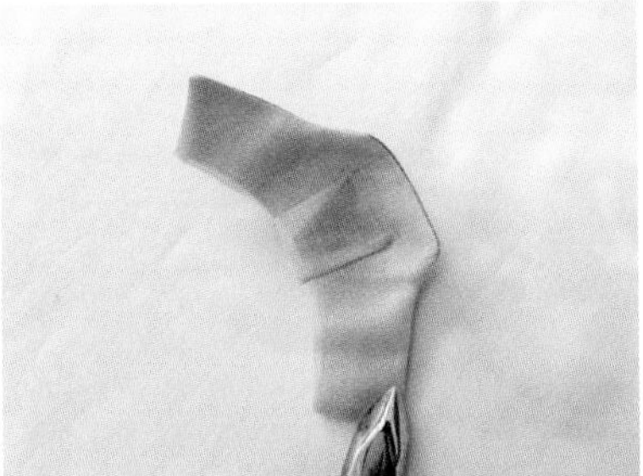

7. 將縫好的上半身翻面並進行熨燙。

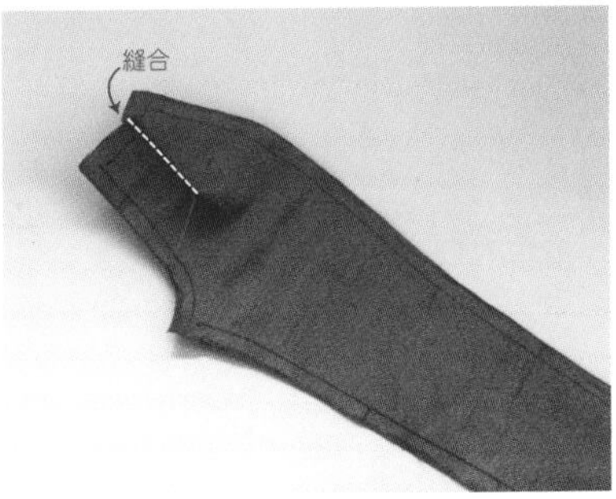

8. 縫出褲子的尖褶。跟上半身一樣，從腰圍往尖褶方向進行縫合，最後的地方不要用回針縫收尾，讓線往外多留一點長度。

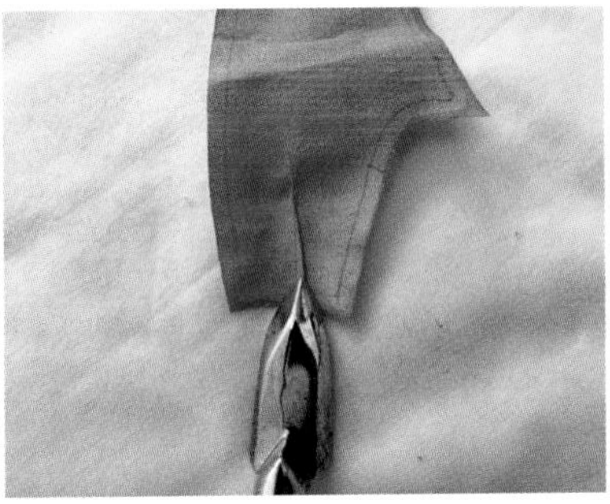

9. 尖褶縫好後朝前片中心線那側摺疊並燙平。另一邊褲子也用相同的方法縫合並燙平。

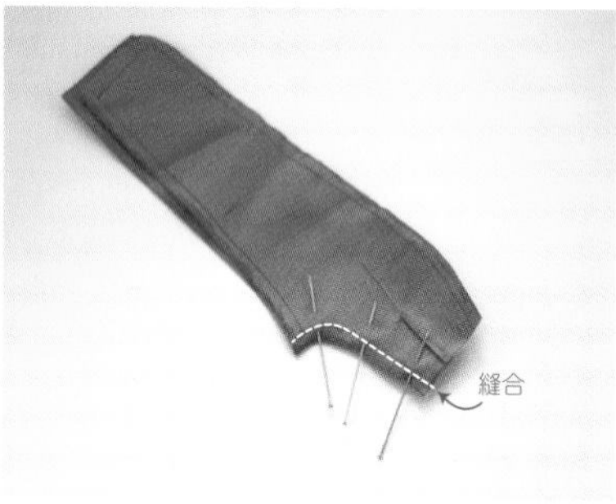

10. 將褲子前片的正面對正面貼合並縫合前片中心線。

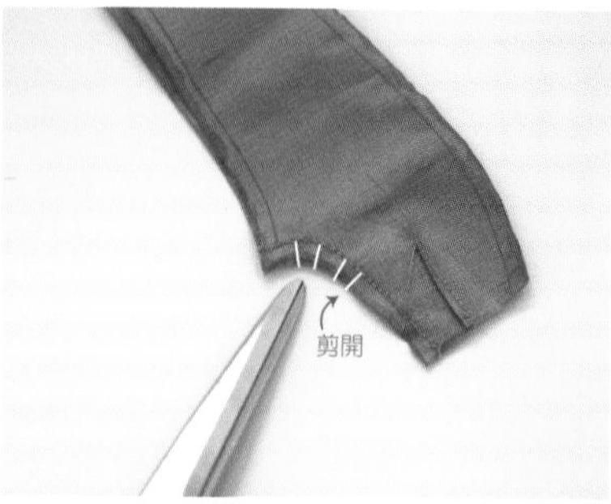

11. 剪開曲線區域的縫份。

12. 將縫份分開並燙平。

13. 將褲子前片和後片的正面對正面貼合並縫合側縫。

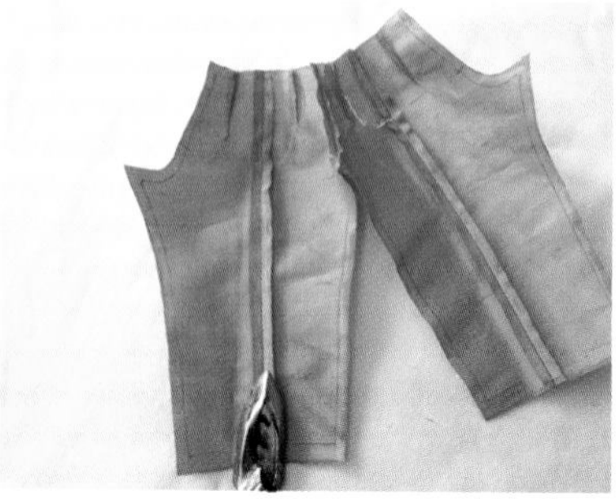

14. 將縫好的側縫縫份分開並燙平。

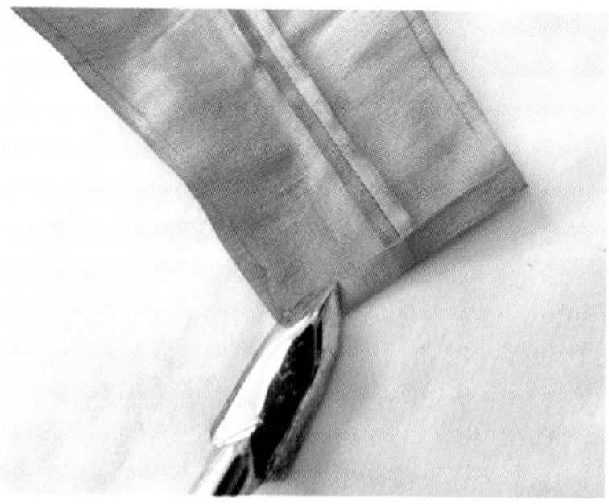

15. 將褲管底部的縫份摺起並燙平，用布料專用膠水黏合固定。使用布料專用膠水才能既不留縫線又能平整地收尾。

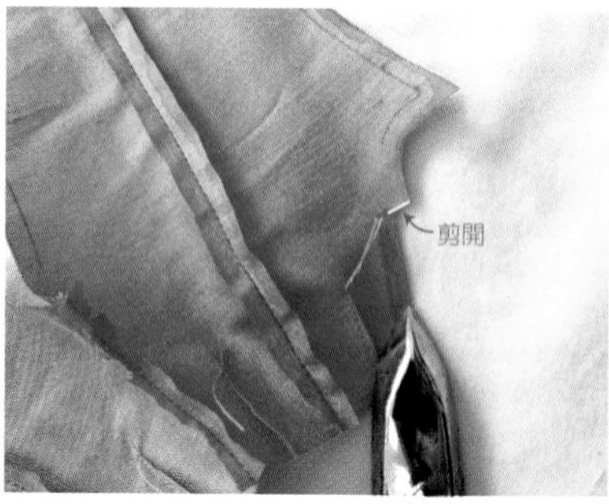

16. 剪開褲子後片中心線的門襟，摺疊後燙平。這個部分也用布料專用膠水黏合固定。

17. 將褲子腰圍和上半身腰圍的正面對正面貼合並縫合。

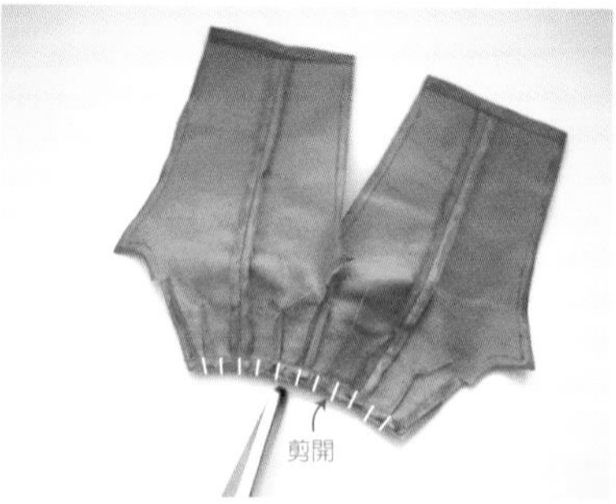

18. 將縫份剪開。

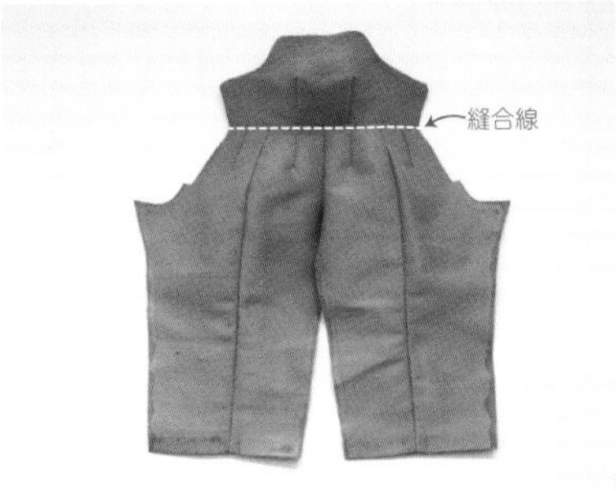

19. 將縫份朝上半身的方向摺疊並從上半身沿著縫線加入縫合線。

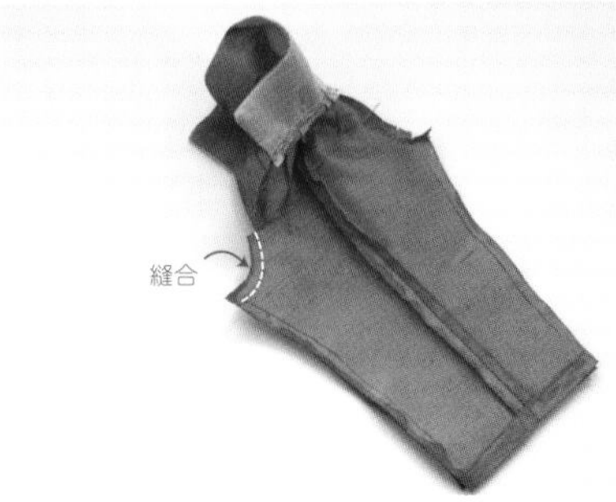

20. 將褲子的後片中心線貼合並縫合。

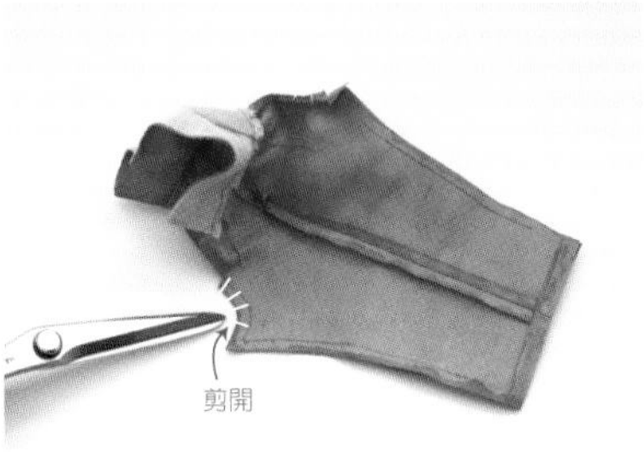

21. 剪開後片中心線縫合後的曲線區域縫份。

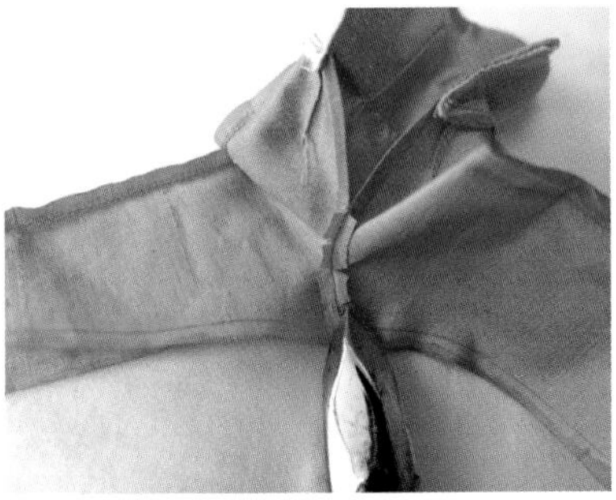

22. 將剪開的後片中心線縫份分開並燙平。

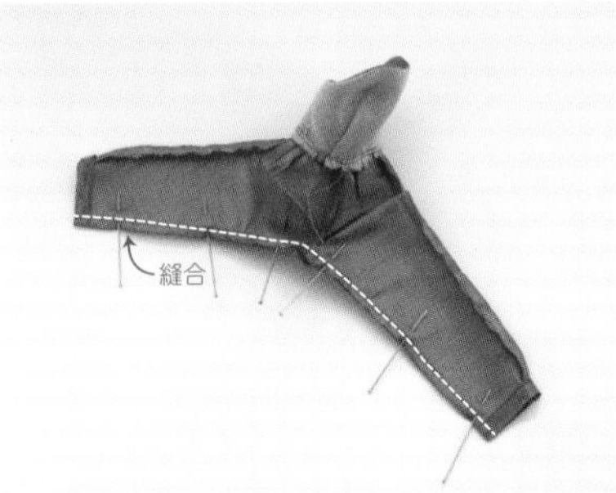

23. 以褲子側縫為基準對半摺，縫合褲子邊緣。

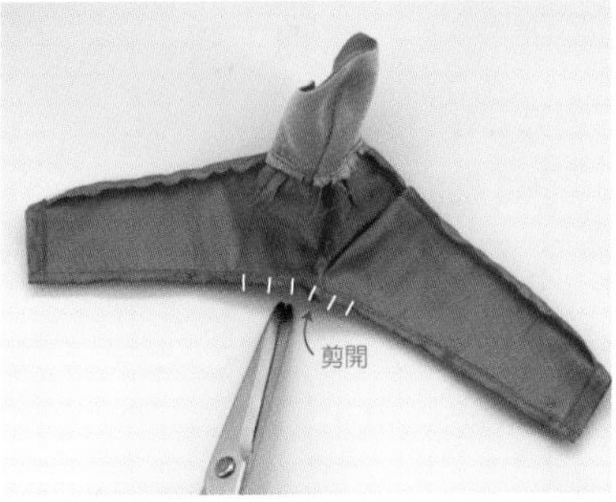

24. 剪開褲子邊緣的縫份。

25. 翻到正面。

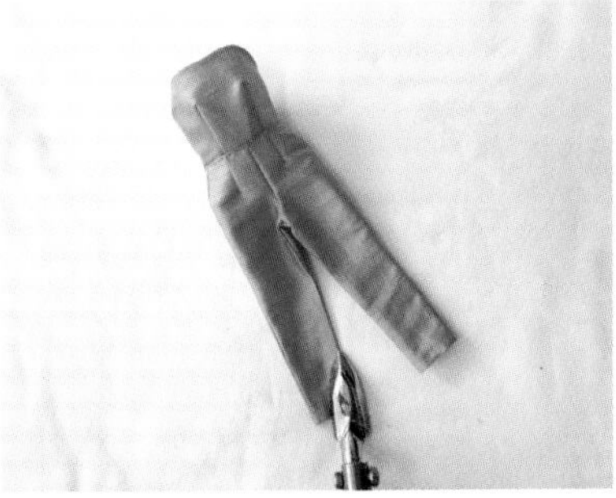

26. 一邊熨燙，一邊調整形狀。

27. 現在要開始製作蝴蝶結。準備橫長 5 cm 縱長 4.5cm 的布料。布料要以斜布紋方向裁剪，才能做出感覺自然的蝴蝶結。

28. 往下摺 1/3 的分量。

29. 另一邊也摺起來。

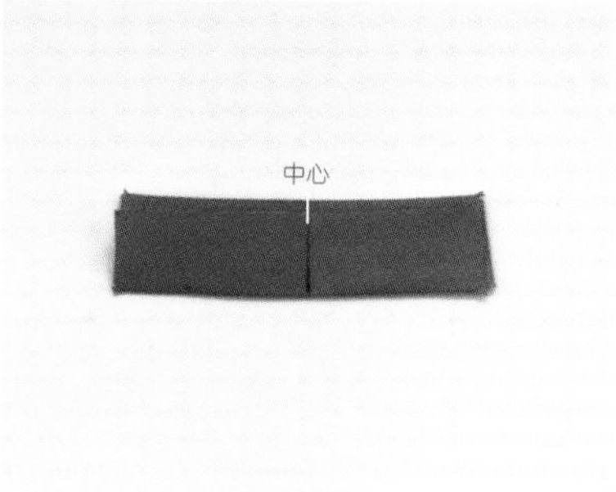

30. 往橫向對半摺並標示出中心線。

31. 以標示的中心線為基準，將兩邊往中心摺。

32. 兩邊摺好後縫合固定。

33. 接著準備蝴蝶結中間的綁帶，中間的綁帶也是要以斜布紋方向裁剪。寬為 1 cm 並準備充足的長度。

34. 摺疊 1/3 的分量。

35. 另一邊也摺起來。

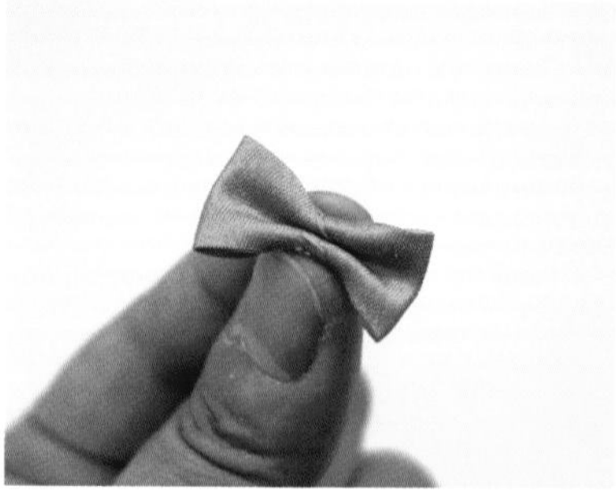

36. 如照片所示，將蝴蝶結本體捏出皺褶。

37. 將步驟 35 的綁帶放到中間縫合固定。

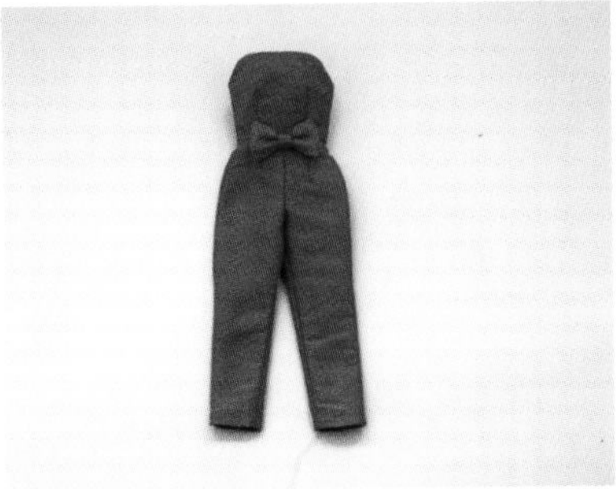

38. 縫到腰的正中間，完成！

L 尺寸的娃娃

Neo Blythe 小布娃娃

這次拍攝中使用透明肌小布娃娃和初版小布娃娃兩種。

初版小布娃娃，因為具備特有的復古魅力，非常適合亞麻材質的衣服。透明肌小布娃娃則和初版小布娃娃不一樣，試著搭配比較具有時尚氛圍的日常休閒服裝。

S 尺寸的娃娃

JERRYBERRY 娃娃

使用 OBITSU 素體做成的關節人形娃娃，最近也生產自製的身體。

像童話般的手繪容顏及可自由擺放的動作是其最大優點。如果是 OBITSU 素體，大部分的衣服都可以互換，如果是自製的 JERRYBERRY 素體，腰圍的部分多少就會有點緊。

kukuclara 娃娃

改良為具有分量感的素體，胖嘟嘟的腳，深具魅力的臉龐，kukuclara 娃娃不管是休閒服飾或洋裝，所有的服裝類型都能消化得來。

在六分之一的服裝中，可以互換連身裙類，因為有分量的手臂和腳，緊身的上衣或下著可能就會不合身。

cacarote 娃娃

眼形圓圓的 cacarote 娃娃具有獨特的可愛及討人喜愛的感覺，對吧？跟可愛的洋裝或連身裙特別相配，大部分的六分之一服裝都可以互換。

“追求可愛與細緻感都兼具的精美風格”

1

3

4

5

2

1 可可皺褶繡連身洋裝

2 綠色皺褶繡連身洋裝

3 皺褶繡圍裙洋裝

4 粉紅點點皺褶繡連身洋裝

5 英國 Liberty 印花皺褶繡連身洋裝

Q 請用一句話定義出「Radio」的風格。

A 我正在追求既精細又獨特的風格。雖然正式開始製作小布娃娃和韓國國內娃娃的服裝沒幾年，但是我從二十歲就已經開始製作球體關節人形娃娃的服裝，並且到韓國國內的活動現場及日本拍賣網站上販售。主修服裝設計學系並以婚紗設計師的身份工作五年左右，當時的經歷對於設計娃娃服裝有很大的影響。擔任設計師的時期，接觸到很多的高級材料及蕾絲，自然而然地對於娃娃服裝不僅是苦惱設計，連材料也是相當地苦惱。我是屬於參加海外活動或旅行的時候，一定會去布料市場逛逛，並且買回當地布料和配件的類型。雖然現在主要是利用絲質材料製作剛好符合娃娃身體的服裝，但是希望未來能開發更多不同的材料，製作專屬於我自己的明確風格。

1

2

1 皇家寶藍

2 皇家酒紅

3 粉紅佳人

4 cacarote 拍賣服裝

3

4

1 亞麻皺褶繡連身洋裝

2 摩登淑女

3 刺繡技法①

4 連身襯衣

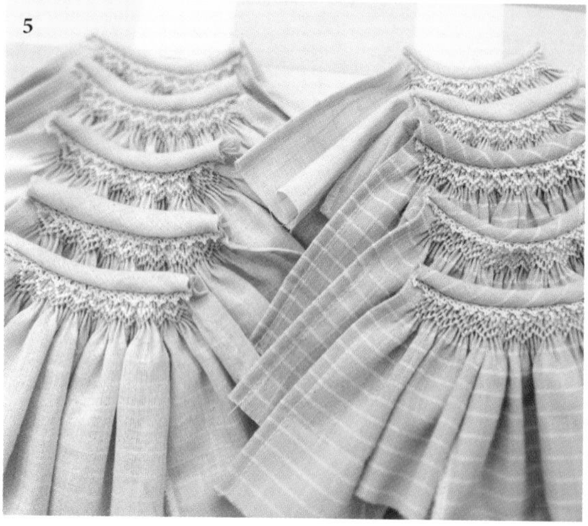

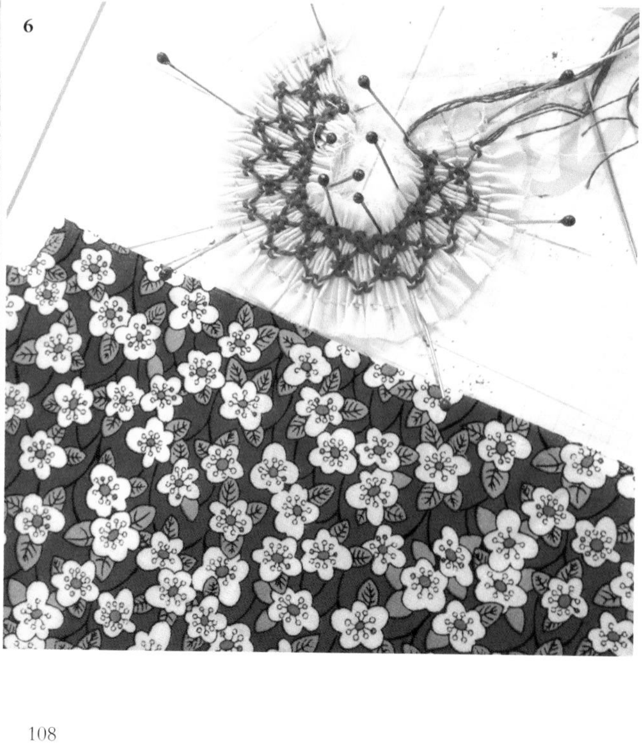

5 刺繡技法②

6 刺繡技法③

“有許多人喜歡細緻的刺繡”

Q 作家 Radio 不僅是在韓國國內或在海外也一樣有高人氣，請說說您的活動現況。

A 我是從部落格開始進行活動的。將當作練習而製作出來的娃娃服裝放到部落格上面，就會有很多人喜歡，因此開始小量販賣，然後稱作「Sweet Doll Fair」的娃娃活動場合中第一次進行實體販賣。當時跟我購買的人到現在都還常常來找我。我認為是從那時候到現在持續的活動，以及跟韓國國內的服裝產生差別性的設計，吸引了韓國國內的粉絲。之後在偶然地機緣下知道歐洲舉辦的「小布大會 BlytheCon」，當時因為還沒去過歐洲，所以和朋友們就當作去旅遊而報名參加，結果反應比想像中要好，在那之後持續地參加過一、兩次活動。自從參與海外活動之後，就利用 instagram 跟海外的粉絲們交流。由於我的服裝色彩鮮豔且刺繡華麗，尤其受到中國粉絲很大的青睞。在歐洲各地也有固定的粉絲，因此總是以感恩的心來製作服裝。

1 阿爾卑斯山少女刺繡

2 皇家系列刺繡

1

“專屬 Radio 的風格，想要獲得這樣的認同”

Q 請說說看從開始到現在的風格變化史以及未來的目標。

A 從開始製作小布娃娃和韓國國內娃娃的服裝好像差不多滿五年。不知道這樣的時間算長還是不長，目前為止對於製作出專屬於我自己的明確風格，我覺得還有很大的不足。一開始主要是利用亞麻材質和刺繡製造出復古及舒適感的服裝，隨後因為接觸到絲綢，就使用金絲、銀絲。為了搭配布料，刺繡也變得越來越華麗，衣服裁剪也變得比較貼身，直到現在腦海中都還充滿想嘗試的風格。我想要在那些風格中加入我自己的色彩，再展現出更多樣的風格，能夠在看到時一眼就看出是所謂的「Radio 牌服裝」，像這樣整理出一個獨特的風格就是我的目標。

2

3

1 阿爾卑斯山少女
2 亞麻刺繡連身洋裝
3 kukuclara 聯名服裝
4 Little Cho 聯名服裝
5 英國 Liberty 印花皺褶繡連身洋裝
6 連身洋裝組合
7 黑色蝴蝶結連身洋裝
8 一字領露肩連身褲

4

5

6

7

8

國家圖書館出版品預行編目(CIP)資料

Radio 的娃娃服裝裁縫書 / 崔智恩著；陳采宜翻譯.
-- 新北市：北星圖書, 2018.08
面； 公分
ISBN 978-986-6399-92-3（平裝）

1.洋娃娃 2.手工藝

426.78 107009738

不想讓別人知道的可愛娃娃服裝秘笈！

Radio 的娃娃服裝裁縫書

作　者 崔智恩
翻　譯 陳采宜
發行人 陳偉祥
發　行 北星圖書事業股份有限公司
地　址 234 新北市永和區中正路 458 號 B1
電　話 886-2-29229000
傳　真 886-2-29229041
網　址 www.nsbooks.com.tw
E–MAIL nsbook@nsbooks.com.tw
劃撥帳戶 北星文化事業有限公司
劃撥帳號 50042987
製版印刷 皇甫彩藝印刷股份有限公司
出版日 2018 年 8 月
I S B N 978-986-6399-92-3
定　價 400 元